集成电路系列丛书·集成电路产业专用材料

集成电路材料基因组技术

俞文杰　李卫民　朱雷　黄嘉晔　编著

电子工业出版社
Publishing House of Electronics Industry
北京·BEIJING

内 容 简 介

集成电路材料产业是整个集成电路产业的先导基础，它融合了当代众多学科的先进成果，对集成电路产业安全、可靠发展及持续技术创新起着关键的支撑作用。集成电路材料基因组研究涉及微电子、材料学、计算机、人工智能等多学科领域，属于新兴交叉学科研究。本书系统介绍了材料基因组技术及其在集成电路材料研发中的应用，主要内容包括：集成电路概述与发展趋势，材料基因组技术发展和研究进展，材料基因组技术在集成电路材料研发中的应用进展及前景，总结和展望。

本书适合从事集成电路材料基因组技术研发的科技人员阅读使用，也可作为高等学校相关专业的教学用书。

未经许可，不得以任何方式复制或抄袭本书之部分或全部内容。
版权所有，侵权必究。

图书在版编目（CIP）数据

集成电路材料基因组技术／俞文杰等编著. —北京：电子工业出版社，2022.1
（集成电路系列丛书. 集成电路产业专用材料）
ISBN 978-7-121-42437-3

Ⅰ. ①集… Ⅱ. ①俞… Ⅲ. ①集成电路－电子材料 Ⅳ. ①TN4

中国版本图书馆 CIP 数据核字（2021）第 241833 号

责任编辑：张　剑　柴　燕　　　　　特约编辑：田学清
印　　刷：河北迅捷佳彩印刷有限公司
装　　订：河北迅捷佳彩印刷有限公司
出版发行：电子工业出版社
　　　　　北京市海淀区万寿路 173 信箱　　　邮编：100036
开　　本：720×1000　1/16　　印张：11.25　　字数：183.6 千字
版　　次：2022 年 1 月第 1 版
印　　次：2023 年 4 月第 3 次印刷
定　　价：88.00 元

凡所购买电子工业出版社图书有缺损问题，请向购买书店调换。若书店售缺，请与本社发行部联系，联系及邮购电话：（010）88254888，88258888。
质量投诉请发邮件至 zlts@phei.com.cn，盗版侵权举报请发邮件到 dbqq@phei.com.cn。
本书咨询联系方式：zhang@phei.com.cn。

"集成电路系列丛书"编委会

主　编：王阳元

副主编：李树深　　吴汉明　　周子学　　刁石京

　　　　许宁生　　黄　如　　丁文武　　魏少军

　　　　赵海军　　毕克允　　叶甜春　　杨德仁

　　　　郝　跃　　张汝京　　王永文

编委会秘书处

秘　书　长：王永文（兼）

副秘书长：罗正忠　　季明华　　陈春章　　于燮康　　刘九如

秘　　　书：曹　健　　蒋乐乐　　徐小海　　唐子立

出版委员会

主　任：刘九如

委　员：赵丽松　　徐　静　　柴　燕　　张　剑

　　　　魏子钧　　牛平月　　刘海艳

"集成电路系列丛书·集成电路产业专用材料"
编委会

主　　编：杨德仁

副 主 编：康晋锋

责任编委：余学功

编　　委：石　瑛　　袁　桐　　杨士勇

　　　　　王茂俊　　康　劲　　俞文杰

"集成电路系列丛书"主编序言

培根之土 润苗之泉 启智之钥 强国之基

王国维在其《蝶恋花》一词中写道:"最是人间留不住,朱颜辞镜花辞树",这似乎是人世间不可挽回的自然规律。然而,人们还是通过各种手段,借助于各种媒介,留住了人们对时光的记忆,表达了人们对未来的希冀。

图书,尤其是纸版图书,是数量最多、使用最悠久的记录思想和知识的载体。品《诗经》,我们体验了青春萌动;阅《史记》,我们听到了战马嘶鸣;读《论语》,我们学习了哲理思辨;赏《唐诗》,我们领悟了人文风情。

尽管人们现在可以把律动的声像寄驻在胶片、磁带和芯片之中,为人们的感官带来海量信息,但是图书中的文字和图像依然以它特有的魅力,擘画着发展的总纲,记录着胜负的苍黄,展现着感性的豪放,挥洒着理性的张扬,凝聚着色彩的神韵,回荡着音符的铿锵,驰骋着心灵的激越,闪烁着智慧的光芒。

《辞海》中把书籍、期刊、画册、图片等出版物的总称定义为"图书"。通过林林总总的"图书",我们知晓了电子管、晶体管、集成电路的发明,了解了集成电路科学技术、市场、应用的成长历程和发展规律。以这些知识为基础,自20世纪50年代起,我国集成电路技术和产业的开拓者踏上了筚路蓝缕的征途。进入21世纪以来,我国的集成电路产业进入了快速发展的轨道,在基础研究、设计、制造、封装、设备、材料等各个领域均有所建树,部分成果也在世界舞台上拥有一席之地。

为总结昨日经验，描绘今日景象，展望明日梦想，编撰"集成电路系列丛书"（以下简称"丛书"）的构想成为我国广大集成电路科学技术和产业工作者共同的夙愿。

2016年，"丛书"编委会成立，开始组织全国近500名作者为"丛书"的第一部著作《集成电路产业全书》（以下简称《全书》）撰稿。2018年9月12日，《全书》首发式在北京人民大会堂举行，《全书》正式进入读者的视野，受到教育界、科研界和产业界的热烈欢迎和一致好评。其后，《全书》英文版 *Handbook of Integrated Circuit Industry* 的编译工作启动，并决定由电子工业出版社和全球最大的科技图书出版机构之一——施普林格（Springer）合作出版发行。

受体量所限，《全书》对于集成电路的产品、生产、经济、市场等，采用了千余字"词条"描述方式，其优点是简洁易懂，便于查询和参考；其不足是因篇幅紧凑，不能对一个专业领域进行全方位和详尽的阐述。而"丛书"中的每一部专著则因不受体量影响，可针对某个专业领域进行深度与广度兼容的、图文并茂的论述。"丛书"与《全书》在满足不同读者需求方面，互补互通，相得益彰。

为更好地组织"丛书"的编撰工作，"丛书"编委会下设了12个分卷编委会，分别负责以下分卷：

☆ 集成电路系列丛书·集成电路发展史论和辩证法

☆ 集成电路系列丛书·集成电路产业经济学

☆ 集成电路系列丛书·集成电路产业管理

☆ 集成电路系列丛书·集成电路产业教育和人才培养

☆ 集成电路系列丛书·集成电路发展前沿与基础研究

☆ 集成电路系列丛书·集成电路产品、市场与投资

☆ 集成电路系列丛书·集成电路设计

☆ 集成电路系列丛书·集成电路制造

"集成电路系列丛书"主编序言

☆ 集成电路系列丛书·集成电路封装测试

☆ 集成电路系列丛书·集成电路产业专用装备

☆ 集成电路系列丛书·集成电路产业专用材料

☆ 集成电路系列丛书·化合物半导体的研究与应用

2021年,在业界同仁的共同努力下,约有10部"丛书"专著陆续出版发行,献给中国共产党百年华诞。以此为开端,2021年以后,每年都会有纳入"丛书"的专著面世,不断为建设我国集成电路产业的大厦添砖加瓦。到2035年,我们的愿景是,这些新版或再版的专著数量能够达到近百部,成为百花齐放、姹紫嫣红的"丛书"。

在集成电路正在改变人类生产方式和生活方式的今天,集成电路已成为世界大国竞争的重要筹码,在中华民族实现复兴伟业的征途上,集成电路正在肩负着新的、艰巨的历史使命。我们相信,无论是作为"集成电路科学与工程"一级学科的教材,还是作为科研和产业一线工作者的参考书,"丛书"都将成为满足培养人才急需和加速产业建设的"及时雨"和"雪中炭"。

科学技术与产业的发展永无止境。当2049年中国实现第二个百年奋斗目标时,后来人可能在21世纪20年代书写的"丛书"中发现这样或那样的不足,但是,仍会在"丛书"著作的严谨字句中,看到一群为中华民族自立自强做出奉献的前辈们的清晰足迹,感触到他们在质朴立言里涌动的满腔热血,聆听到他们的圆梦之心始终跳动不息的声音。

书籍是学习知识的良师,是传播思想的工具,是积淀文化的载体,是人类进步和文明的重要标志。愿"丛书"永远成为培育我国集成电路科学技术生根的沃土,成为润泽我国集成电路产业发展的甘泉,成为启迪我国集成电路人才智慧的金钥,成为实现我国集成电路产业强国之梦的基因。

编撰"丛书"是浩繁卷帙的工程,观古书中成为典籍者,成书时间跨度逾十年者有之，涉猎门类逾百种者亦不乏其例：

《史记》，西汉司马迁著，130 卷，526500 余字，历经 14 年告成；

《资治通鉴》，北宋司马光著，294 卷，历时 19 年竣稿；

《四库全书》，36300 册，约 8 亿字，清 360 位学者共同编纂，3826 人抄写，耗时 13 年编就；

《梦溪笔谈》，北宋沈括著，30 卷，17 目，凡 609 条，涉及天文、数学、物理、化学、生物等各个门类学科，被评价为"中国科学史上的里程碑"；

《天工开物》，明宋应星著，世界上第一部关于农业和手工业生产的综合性著作，3 卷 18 篇，123 幅插图，被誉为"中国 17 世纪的工艺百科全书"。

这些典籍中无不蕴含着"学贵心悟"的学术精神和"人贵执着"的治学态度。这正是我们这一代人在编撰"丛书"过程中应当永续继承和发扬光大的优秀传统。希望"丛书"全体编委以前人著书之风范为准绳，持之以恒地把"丛书"的编撰工作做到尽善尽美，为丰富我国集成电路的知识宝库不断奉献自己的力量；让学习、求真、探索、创新的"丛书"之风一代一代地传承下去。

王阳元

2021 年 7 月 1 日于北京燕园

前　言

材料是集成电路的关键支撑，其技术发展趋势日益复杂，呈现种类多、机理不明、合成工艺精细的特点，并与芯片制造工艺紧密结合，研发效率有待提升。材料基因组是一种研发新范式，通过高通量实验、高通量计算和数据挖掘，加快材料研发、筛选、优化和应用的速度，已经应用于集成电路材料的研发，尤其在新型存储器、逻辑器件、射频压电器件的新材料发现方面起到了有力的助推作用。近十年来，高通量实验、高通量计算、人工智能和大数据技术日渐成熟，将促进材料科学进入利用数据驱动新材料开发的新阶段，材料基因组技术将迎来广阔的应用空间。可以预见，将材料基因组技术与集成电路材料工艺充分结合可以有效促进集成电路材料创新进入"快车道"。

集成电路材料基因组技术的研究涉及微电子、材料学、计算机、人工智能等多学科领域，属于新兴交叉学科研究。目前，在集成电路材料基因组领域，国际上有一些科研单位和企业开展了卓有成效的研究工作，我国近期也逐步开展了该领域的研究。然而，国内外尚无系统地展开材料基因组技术及其在集成电路材料研发中应用的前沿进展的学术书籍。

本书首先综合分析集成电路概述与发展趋势，重点介绍了后摩尔时代新型器件结构和集成技术及其所需的典型新材料；其次从高通量实验、高通量计算和数据库三个方面，全面梳理集成电路材料基因组技术的研究进展与应用现状；再次详细介绍材料基因组技术在集成电路材料研发中的应用进展及前景；最后对全书进行总结和展望。

本书由俞文杰、李卫民、朱雷、黄嘉晔编著。李鑫、吴挺俊、赵兰天、陈玲丽、朱宇波、秦瑞东、姜文铮为本书提供了大量文献素材，在此向他们表示感谢！

限于作者水平，书中不妥之处恳请专家和读者谅解、指正。

编著者

☆☆☆ 作者简介 ☆☆☆

俞文杰博士，研究员，中国科学院上海微系统与信息技术研究所所务委员、硅基材料与集成器件实验室主任、上海集成电路材料研究院有限公司董事长兼总经理。2005年6月毕业于复旦大学材料物理专业，获学士学位；2011年6月毕业于中国科学院上海微系统与信息技术研究所微电子学与固体电子学专业，获博士学位，师从王曦院士。2009年9月至2011年6月攻读博士期间，获国家留学基金委资助，作为联合培养博士生赴德国于利希研究中心（Forschungszentrum Jülich）学习。2011年6月至今，历任中国科学院上海微系统与信息技术研究所信息功能材料国家重点实验室助理研究员、副研究员、研究员；2018年1月至今，历任中国科学院上海微系统与信息技术研究所所长助理、所务委员；2019年至2021年11月，历任战略研究室主任、硅基材料与集成器件实验室代理主任；2020年6月至今，任上海集成电路材料研究院有限公司董事长兼总经理；2021年11月至今，任硅基材料与集成器件实验室主任。长期从事集成电路材料领域研究工作，发表论文100余篇，申请专利50余项，承担多个国家级与省部级项目。

目　录

第1章　集成电路概述与发展趋势 1

　1.1　集成电路材料概述 1

　1.2　集成电路技术发展与材料应用趋势 2

　参考文献 6

第2章　材料基因组技术发展和研究进展 9

　2.1　材料基因组技术简介 9

　2.2　材料基因组技术发展历程 10

　2.3　材料基因组技术研究进展及机器学习在其中的应用 16

　　　2.3.1　材料高通量实验技术研究进展 16

　　　2.3.2　材料高通量计算技术研究进展 33

　　　2.3.3　材料数据库技术研究进展 42

　　　2.3.4　机器学习在材料基因组技术中的应用 45

　参考文献 50

第3章　材料基因组技术在集成电路材料研发中的应用进展及前景 ... 61

　3.1　功能材料的研发进展及材料基因组技术的应用情况 62

　　　3.1.1　新型存储材料 62

　　　3.1.2　射频压电材料 97

　　　3.1.3　高 k 介质材料 108

　　　3.1.4　铁电、铁磁和多铁材料 119

　3.2　工艺材料的发展趋势及材料基因组技术的应用前景 130

　　　3.2.1　光刻材料 130

  3.2.2 抛光材料 134

  3.2.3 湿化学品 137

  3.2.4 溅射靶材 138

  3.2.5 MO 源 140

 参考文献 142

第 4 章　总结和展望 167

第1章

集成电路概述与发展趋势

1.1 集成电路材料概述

集成电路发明于20世纪50年代，是指通过一系列特定的加工工艺，将二极管、晶体管等有源器件和电容器、电阻器等无源器件集成在衬底上并封装在一个外壳中，执行特性功能的电路或系统。集成电路作为现代社会信息化、智能化的基础，广泛用于计算机、数码电子、家用电器等产品中，在以移动通信、物联网、人工智能、大数据等为代表的新一代信息技术、高性能计算技术、大容量存储技术、超低功耗通信技术和新型量子技术等的创新发展中发挥着关键支撑作用[1]。集成电路产业作为信息技术产业的核心，是支撑经济社会发展和保障国家安全的战略性、基础性、先导性产业，是培育发展战略性新兴产业、推动信息化和工业化深度融合的基础，是保障国家信息安全的重要支撑。集成电路产业能力决定了各应用领域的发展水平，并已成为衡量一个国家产业竞争力和综合国力的重要标志之一[1]。

集成电路材料作为集成电路产业链中细分领域最多的一环，贯穿集成电路制造的晶圆制造、前道工艺（芯片制造）和后道工艺（封装）整个过程。集成电路材料产业是整个集成电路产业的先导基础，它融合当代众多学科的先进成果，对集成电路制造产业安全可靠发展及持续技术创新起到关键支撑作用，全球500亿美元规模的集成电路材料业支撑起超过4000亿美元规模的集成电路产业及上万亿美元规模的电子应用系统产业的良性发展[2,3]。

同时，集成电路使用的材料种类层出不穷，材料成分也越发复杂，集成电路性能的提升越发依赖材料技术的底层创新。集成电路技术每前进一步都对材料的性能提出新的要求，材料技术的每一次发展也都为集成电路新结构、新器件的开发提供新思路。例如，在0.13μm工艺中，铜互连代替铝引线；应变硅技术的应用将集成电路制造技术由90nm推进到45nm技术节点；超低k技术推动45nm至32nm技术节点的发展；高k金属栅成为28nm以下技术节点的必备技术。30年前，集成电路用到的元素仅有氢、硼、氮、氧、铝、硅、磷、氩等12种，目前，元素周期表中超过60种元素被应用或正在被研究应用，相应的材料有近千种[2,3]。据估算，材料对先进逻辑芯片性能提升的贡献目前已超过六成。

1.2 集成电路技术发展与材料应用趋势

集成电路自诞生以来，通过制造工艺和材料技术的进步不断延续着摩尔定律，即以尺寸微缩为技术主线来实现集成度翻番和性能提升，已经从20世纪的深亚微米阶段发展到21世纪初的数十纳米阶段，再到如今的亚十纳米阶段。未来几十年，使用尺寸微缩和三维系统集成提高集成密度、提升器件性能、降低电路功耗、融合更多功能将成为技术发展重点。美国电气与电子工程师协会（IEEE）发布了国际器件和系统路线图（IRDS）（见图1-1），规划了More Moore、More than Moore和Beyond CMOS三大技术发展路线[4]。通过技术创新延续、扩展或超越现有摩尔定律的发展路线，以满足新一轮人类社会全面信息化、智能化和量子化等新型科技与产业对集成电路突破和创新发展的重要需求。

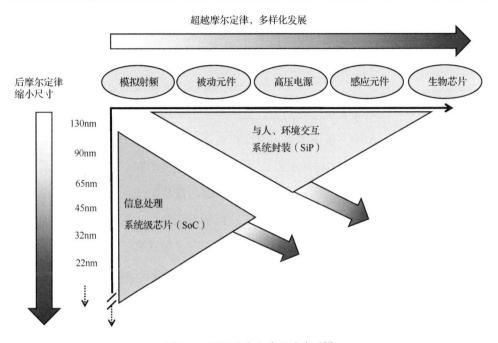

图 1-1 国际器件和系统路线图[4]

More Moore 延续 CMOS 的整体思路,在器件结构、沟道材料、互连线、高 k 金属栅、制造工艺等方面创新,推动集成电路沿着摩尔定律趋势发展。晶体管的优化也将从专注于提升性能转向提升性能与降低漏电流并重。从技术水平看,全球集成电路逻辑芯片产品技术目前已到达 5nm 技术节点,并且正在向 3nm 技术节点转移,预计在 2022 年实现量产[5,6]。5nm 逻辑集成电路仍采用 FinFET 结构,在部分关键层上已开始采用极紫外光刻(EUV),在后段互连工艺中也将逐步引入新的互连工艺和新的工艺集成方法,以克服电路互连的巨大延迟影响[7]。3nm 技术节点在国际上还没有形成统一的集成电路技术路线,台湾积体电路制造股份有限公司(以下简称台积电)继续沿用 FinFET 结构,而三星则开始采用全栅(Gate-All-Around,GAA)晶体管来克服 FinFET 的物理缩放比例和性能限制[8,9]。3nm 以下技术节点都采用 GAA 晶体管。GAA 晶体管的结构主要包括堆叠纳米线(片)结构和垂直纳米线(片)结构。这种复杂器件在工艺制备上将会受到严峻的挑战[10,11]。

随着硅基 CMOS 集成电路继续演化,器件结构的变化和器件尺寸的缩小带来一些新的挑战，材料技术与制造工艺的突破显得尤为重要。5nm 及以下技术节点已引入 EUV 光刻胶，在此过程中，仍需要持续解决 EUV 光刻胶遇到的大量基础物理问题。例如，因光子散粒噪声导致的随机效应现象和线条边缘粗糙度[12]；栅堆叠结构和多次光刻曝光图形的制造改变了原来的薄膜形成方式，从而需要全方位的原子层沉积（ALD）解决方案，进而扩大了对新型前驱体气体的需求；沟道材料从硅基材料变成 SiGe 材料或Ⅲ-Ⅴ族材料等高迁移率材料，要面临更多材料和工艺技术方面的挑战[13,14]；为了减少漏电问题，需要集成低缺陷、高质量的新型高 k 介电材料及低接触电阻材料；未来，控制互连线的电阻、电迁移及经时绝缘击穿极限将会非常困难，为了降低接触电阻，在接触孔和后段金属互连中将引入新型材料钴在关键层取代传统的钨和铜；不断出现的新结构和新材料的应用促使新型化学机械抛光（CMP）材料、电子气体的开发，以满足针对新结构和新材料的薄膜沉积、刻蚀工艺及 CMP 工艺的要求；为了应对复杂的清洗工艺，开发新型功能化学品，应用超临界状态的液体等。

动态随机存取存储器（DRAM）和 NAND 闪存仍是存储市场份额最大的两类存储器。当器件尺寸微缩至十几 nm 技术节点时，DRAM 遇到良率下降、成本上升、刷新功耗增加等挑战，其容量扩展性也遇到巨大挑战。面对上述挑战，发展新型高 k 介电材料、存储器选择材料以保持足够的存储电容，以及通过三维封装技术增加 DRAM 的集成密度和数据访问带宽是技术发展的重要趋势。3D NAND 已经突破 176 层，并通过多芯片堆叠实现存储密度的继续提高。多层介质/多晶硅的深孔刻蚀、清洗和沉积等工艺是层数增加 3D NAND 要面对的挑战，需要发展新型的光刻、刻蚀、清洗和沉积材料及工艺[15]。

More than Moore 聚焦增加系统集成的多种功能，芯片系统性能的提升不再单纯地靠晶体管尺寸微缩，而是以硅基工艺作为微纳加工的基础，研发非数字、多元化半导体技术与产品，并在计算和存储芯片上集成射频、传感等功能，实现电子系统的多样化和小型化。计算和存储集成是计算系统能效进一步提升的基础，仍面临存储速度与计算速度不匹配的问题。发展新型非易失存储技术，构建高速、高密度、高可靠和低成本的储存型内存是存储技术的发展趋势。基于巨磁阻效应（GMR）的磁存储器（MRAM）及基于碲化合物的相变存储器（PCRAM）等新型非易失存储技术发展迅速[16,17]，已经在嵌入式芯片中得到应用，相关材料及器件性能仍有提升空间。随着新一代通信技术的深入发展，要求射频器件具备高频、大带宽、高功率、与 CMOS 可集成的特点，急需开发新型高端硅基射频材料；基于新架构的新型通信技术（如硅光通信和量子通信技术）也在同步发展，需要众多硅光材料、量子材料及相关集成芯片提供支撑。在未来的万物互联时代，融合计算和感知的低功耗小型芯片将会被大量采用，众多微机电系统（MEMS）传感器、能量收集器、生物芯片等的发展依赖新型传感材料、换能材料及 CMOS 兼容性生物芯片材料的创新。在芯片集成方面，3D IC 及异质集成将是重要的发展趋势，由此带来的热管理、电磁屏蔽、高密度互连等问题将成为器件与模组系统化、小型化所需要解决的关键技术问题，也急需从材料领域寻求新的突破[18]。

Beyond CMOS 是研发硅基 CMOS 在遇到物理极限时进行信息处理所能倚重的新型器件，不仅可使电路性能提升，还可使整体系统架构更新并带动新的应用，开创崭新的信息时代。这类器件需要具有高功能密度、高性能、低能耗、可接受的制造成本、适合大规模制造等特性。这类器件的结构层级有从 CMOS 向分子器件、铁磁性器件、自旋器件、量子器件及神经形态器件等方向发展的趋势。状态变量从电子电荷向分子、极化、强电子相关态、自旋等方向发展，在材料方面需要突破碳基、电子关联材料、纳米结构、复合金属氧化物等新型材料在高密度集成环境下的工作稳定性技术瓶颈。例如，负电容场效应晶体管（NCFET）通过将铁电薄膜材料所具有的负电容效应集成在栅结构中，从而升高栅压，实现器件突破传统场效应晶体管亚阈值摆幅极限（-60mV/dec）[19]，但仍面临由铁电薄膜材料引起的负电容区域不稳定及翻转频率极限等世界级难题；铁电场效应晶体管（FeFET）是一种快速、低功耗的新型器件[20]，在 RFID、智能卡等领域具有应用前景，目前材料和工艺的复杂性限制了广泛应用；忆阻器有望突破"冯·诺依曼"体系在功耗和速率方面的技术瓶颈，被认为是快速实现存算一体化计算的器件中最具潜力的类突触器件[21]，目前忆阻器材料体系众多，但制备的器件性能稳定性、可重复性和一致性差，无法形成高密度的多阻态芯片。

后摩尔时代，新的器件结构及集成技术将对制造工艺和材料工程提出更迫切的需求，更多的新技术、新工艺、新材料将被采用。为便于研究和分析问题，本书将集成电路材料归类为功能材料和工艺材料两大类。其中，功能材料是指具有优良的电学、磁学、光学、热学、声学、力学、化学等功能的材料，在完成集成电路制造工艺后仍保留在器件上，用于实现各种功能，主要包括晶体管介质及栅极材料、存储材料、射频材料、量子材料等；工艺材料是指用在集成电路制造工艺中，但最终不会保留在器件上的材料，包括光刻材料、抛光材料、湿化学品等。集成电路的 More Moore、More than Moore 和 Beyond CMOS 三大技术发展路线中需要的新材料均涉及功能材料和工艺材料，材料工程将在这个发展过程中发挥越来越重要的作用。美国国防部高级研究计划局（DARPA）于2017年6月宣布推出电子复兴计划（ERI），计划未来5年投入15亿美元，联合国防工业基地、学术界、国家实验室和其他创新温床，开启下一次电子革命，材料成为ERI部署的三大领域之一。当前，集成电路技术急需解决的问题及前沿颠覆性材料的新特点包括涉及的元素多、组分复杂、机理复杂、工艺繁杂、验证周期长、与CMOS工艺不匹配等。传统的试错式研发模式创新效率低、瓶颈日益明显，已经不能满足新材料日趋复杂的研发需求。变革现有的低效率材料创新方式，研究并利用新的创新范式以推动集成电路材料技术高质量发展显得越发重要。

参考文献

[1] 王阳元. 集成电路产业全书（上册）[M]. 北京：电子工业出版社，2018.

[2] 石瑛. 中国集成电路材料产业技术发展路线图（2019版）[M]. 北京：电子工业出版社，2019.

[3] 冯黎，朱雷. 中国集成电路材料产业发展现状分析[J]. 功能材料与器件学报，2020，26（03）：191-196.

[4] IEEE IRDS. International Roadmap for Devices and systems[R/OL]. （2020-11-30）[2020-12-20]. https://irds.ieee.org/.

[5] 槐江山人. 台积电：2nm 芯片研发重大突破，1nm 也没问题[R/OL]. （2020-11-4）[2020-12-20]. https://www.toutiao.com/i6891177372570255883.

[6] DYLAN M. 三星计划在 2021 年推出 3nm 全栅晶体管[R/OL]. MIKE ZHANG, 译. （2018-5-25）[2020-12-20]. https://www.eet-china.com/news/201805251420.html.

[7] RICK M. Samsung Ready with 5-nm EUV[R/OL]. （2019-4-15）[2020-12-20]. https://www.eetimes.com/samsung-ready-with-5-nm-euv/?utm_source=%20eetimes&%20utm_medium=networksearch#.

[8] DYLAN M. Samsung Plans 3nm Gate-All-Around FETs in 2021[R/OL]. （2018-5-26）[2020-12-20]. https://www.eetimes.com/samsung-plans-3nm-gate-all-around-fets-in-2021.

[9] ASPENCORE. 2021 年全球半导体行业 10 大技术趋势[R/OL]. （2020-12-18）[2020-12-20]. https:// www.eet-china.com/news/21010110.html.

[10] VELOSO A, HIKAVYY A, LOO R, et al. Vertical Nanowire and Nanosheet FETs: Device Features, Novel Schemes for Improved Process Control and Enhanced Mobility, Potential for Faster & More Energy Efficient Circuits[C]. 2019 IEEE International Electron Devices Meeting, 2019.

[11] VELOSO A, HUYNH-BAO T, MATAGNE P, et al. Nanowire & Nanosheet FETs for Ultra-Scaled, High-Density Logic and Memory Applications[C]. 2019 Joint International EUROSOI Workshop and International Conference on Ultimate Integration on Silicon, 2019.

[12] LEE C, NAGABHIRAVA B, GOSS M, et al. Plasma etch challenges with new EUV lithography material introduction for patterning for MOL and BEOL[C]. Proceedings of the SPIE, 2015.

[13] CZORNOMAZ L, DJARA V, DESHPANDE V, et al. First demonstration of InGaAs/SiGe CMOS inverters and dense SRAM arrays on Si using selective epitaxy and standard FEOL processes[C]. 2016 IEEE Symposium on VLSI Technology, 2016.

[14] COLLAERT N, ALIAN A, ARIMURA H, et al. Ultimate nano-electronics: New materials and device concepts for scaling nano-electronics beyond the Si roadmap[J]. Microelectronic Engineering, 2015, 132: 218-225.

[15] CHEN S H, LUE H T, SHIH Y H, et al. A highly scalable 8-layer vertical gate 3D NAND with split-page bit line layout and efficient binary-sum MiLC（Minimal incremental Layer Cost）

staircase contacts[C]. 2012 IEEE International Electron Devices Meeting，2012.

[16] YU S，CHEN P Y. Emerging memory technologies：recent trends and prospects[J]. IEEE Solid-State Circuits Magazine，2016，8（2）：43-56.

[17] CAPPELLETTI P. Non volatile memory evolution and revolution[C]. 2015 IEEE International Electron Devices Meeting，2015.

[18] WANG A，CHEN Q，LI C，et al. More-Than-Moore：3D heterogeneous integration into CMOS technologies[C]. 2017 IEEE 12th International Conference on Nano/Micro Engineered and Molecular Systems，2017.

[19] SAEIDI A，JAZAERI F，BELLANDO F，et al. Negative capacitance field effect transistors：capacitance matching and non-hysteretic operation[C]. 2017 47th European Solid-State Device Research Conference IEEE，2017.

[20] BEYER S，PELLERIN J，DÜNKEL S，et al. A FeFET based super-low-power ultra-fast embedded NVM technology for 22nm FDSOI and beyond[C]. 2017 IEEE International Electron Devices Meeting，2017.

[21] ZHOU G，WU J，WANG L，et al. Evolution map of the memristor：from pure capacitive state to resistive switching state[J]. Nanoscale，2019，11（37）：17222-17229.

第 2 章

材料基因组技术发展和研究进展

2.1 材料基因组技术简介

材料科学是一门以实验为基础的系统科学。先进材料是科技创新、经济社会发展和提高全球竞争力的核心。传统的材料科学研究主要依靠"提出假设—实验验证"的线性方法，按顺序不断逼近目标材料，费时费力。传统的试错式研究模式已经不能满足工业快速发展对新材料的需求，迫切需要通过转变研究模式促进材料科学的加速发展。

材料基因组是材料研究方法的一次革命和飞跃[1]，成功地借鉴了生物工程领域中基因组的概念。生物基因中 DNA 和 RNA 的排列顺序决定了生物体的结构和功能的多样性。人类基因组计划是建立基因中的序列与生物性状之间的关系。以此类比，元素的种类、原子的性质和排列方式（包括晶体结构和缺陷等）决定了材料的内在性质。材料基因组技术的目的正是寻找和建立材料的元素组分、原子排列、相形成、微观结构、宏观性能之间的对应关系。通过"多学科集成"实现"材料高通量筛选"是材料基因组的精髓。材料基因组的思想方法颠覆了传统材料的研发—产品流程，从应用需求出发，反向推出符合需求的材料组成和结构。同时，用交互、连续的过程代替传统试错法中线性、分离的过程，逐步从"经验引导实验"向"理论预测，实验验证"的新研究模式转变。

高通量计算、高通量实验和材料数据库是材料基因组技术的三大板块，每个板块都能在特定阶段加速材料的研发进程。材料基因组技术的三大板块之间的协同工作流如图2-1所示[2]。高通量计算可以提供实验理论依据，帮助筛选材料，缩小高通量实验的材料范围，是材料按需设计的基础。材料高通量实验起着承上启下的作用：一方面可以根据按需设计的要求实现材料的快速筛选；另一方面可以为高通量计算提供海量的基础数据，丰富材料数据库，为材料信息学提供分析材料。材料数据库不仅可以为材料高通量实验提供实验设计的依据，还可以为高通量计算提供基础的计算数据，提高计算的准确性。此外，应用机器学习理论和方法对数据进行挖掘，形成关联关系的数学模型，可以更精确地进行材料设计，加快材料的研发迭代。

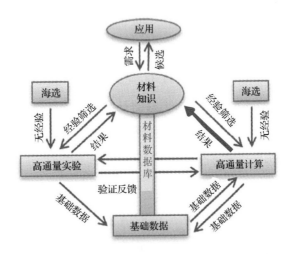

图2-1 材料基因组技术的三大版块之间的协同工作流[2]

2.2 材料基因组技术发展历程

半个世纪前，材料高通量实验技术已经开始用于新材料的研发。1965年，研究人员首次采用成分梯度分布法完成了三元合金相图的绘制（见图 2-2）[3]，这是材料高通量制备技术的雏形。该方法实现了在一次实验中多种材料的生长，所生长的材料具有不同的化学配比和物相结构。几年后，Miller、Hanak 等人采用成分连续分布的材料高通量制备技术分别研究了 Au-SiO$_2$ 中 Au 的含量对电阻率的影响及晶粒尺寸对过渡金属合金超导体的影响[4,5]。1970 年，Hanak 等人利用多靶共溅射技术对二元和三元成分连续分布的超导材料进行了高通量筛选，使得二元体系实验的效率提高了 30 倍，三元体系实验的效率提高了 750 倍，实现了材料基础数据和知识的快速积累[6]。但是，受计算机技术和材料表征技术中分辨率水平等问题的限制，上述材料高通量制备技术没有得到广泛推广。

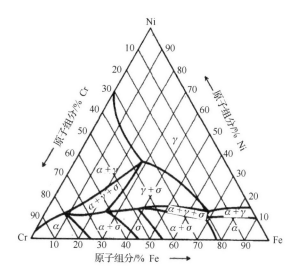

图 2-2 采用成分梯度分布法绘制的 Fe-Cr-Ni 三元相图[3]

20 世纪 90 年代，材料高通量制备技术有了较大的发展。美国劳伦斯伯克利国家实验室的项晓东团队发展了一套较为成熟的组合材料制备方法[7]，在一块基片上生长了上千种不同元素组分的新材料，同时专门开发了一套自动化的高分辨率表征平台，实现了材料高通量制备及材料相图的系统绘制。1995 年，项晓东团队在《Science》上发表了一篇文章，其内容被普遍认为是组合材料实验领域的开创性、奠基性的工作，展示了材料高通量实验技术的巨大优势及应用前景[7]。该方法是一种材料的并行合成方法，通过一系列的物理掩模，采用磁控溅射技术，以 CuO、Bi_2O_3、CaO、PbO、$SrCO_3$、Y_2O_3 和 $BaCO_3$ 为靶材，在单个基片上沉积 128 种不同组分的固态薄膜样品（见图 2-3），样品的性质由元素种类、元素沉积顺序、元素沉积厚度、退火温度等决定。项晓东团队利用该技术在实验中找到了 $BaSiCaCuO_x$ 和 $YBa_2Cu_3O_x$ 两种超导材料，实现了复杂材料体系的快速筛选。之后，项晓东团队又设计了四元掩模方案，仅用 $4n$ 个沉积步骤和 n 个掩模就能产生 4^n 个不同的成分，进一步加快了材料的筛选。该技术已被应用到发光材料的研发中，且发现了一种新型的蓝色发光复合材料 $Gd_3Ga_5O_{12}/SiO_x$[8]。

图 2-3 烧结前的 128 个样品阵列[7]

高通量组合材料实验技术问世之后，引起了材料科学界的高度重视。20 世纪 90 年代末期，高通量组合材料实验技术已被应用于陶瓷、金属、高分子、无机化合物等材料的研发与产业化[9]。随后高通量组合材料实验技术逐渐被工业领域接受和应用,由此产生了大量的新材料研发和商业应用的案例。项晓东和 Schultz 团队发展和完善了现代高通量组合材料实验技术,基于此在美国创办了 Symyx 和 Intematix 两家企业,并成功研发出新型催化剂[10,11]和固态发光器荧光材料[12]。此外,通用电气公司利用高通量组合材料实验技术找到了高性能的高温合金材料[13],康宁公司利用高通量组合材料实验技术筛选出 PMN-PT 电光陶瓷[14],英特尔公司和三星公司也将高通量组合材料实验技术用于相变存储合金和高介电材料的研究[15]等。

2000 年以后,亚申科技研发中心有限公司[16]、Intermolecular 公司(简称 IMI 公司,2019 年被 Merck 公司收购)和集成电路材料研究院等陆续诞生[17,18]。这些公司和研究院专门提供商业化的高通量组合材料实验仪器设备与高通量组合材料实验研发服务,使高通量组合材料实验技术由实验室推向商业化。其中 IMI 公司多年来利用其高通量组合材料实验技术为三星、美光、尔必达、格罗方德(格芯)、应特格等芯片和材料巨头提供新型存储器关键材料的工艺研究。

近年来,新材料的创新越发依赖材料实验、材料计算、大数据及人工智能技术的融合。早在 2000 年,美国就启动了"加速材料应用"项目,旨在优化材料的研究和应用。这也是材料基因组计划的前奏。2011 年 6 月,时任美国总统的奥巴马正式提出了"材料基因组计划"(Materials Genome Initiative,MGI)[1,19]。该计划阐述了材料创新基础的三个平台:计算工具平台、实验工具平台和数字化数据平台,后面发展成由材料建模软件、材料高通量实验、材料数据库组成的三位一体的材料基因组框架和思路。该计划由美国能源部(DOE)、美国国防部(DOD)、美国国家自然科学基金会(NSF)和美国国家标准技术研究院(NIST)四个部门共同完成,有以下三个任务:①开发一种全新的材料创新体系;②开发为国家安全、人类健康服务的新材料及清洁能源材料;③培养新一代材料研发团队。美国"材料基因组计划"布局如图 2-4 所示。据统计,自启动"材料基因组计划"以来,美国联邦政府、地方政府、大学、企业累计投入经费超过 10 亿美元,建立协同创新中心逾 20 个。

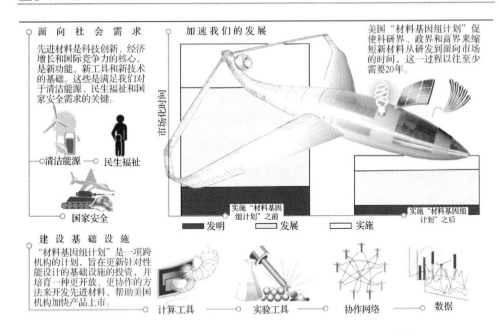

图 2-4 美国"材料基因组计划"布局（图例根据引文翻译）[19]

欧洲在 2009 年提出了"关键使能计划"（KETs）（见图 2-5）[20]，将纳米科技、微纳米电子与半导体、光电、生物科技及先进材料五大科技认定为关键使能技术，目的是加强材料研究和产业的结合。2011 年，欧洲又提出了"加速冶金计划"[21]。这一计划与美国"材料基因组计划"的目的相吻合，是欧洲"材料基因组计划"的雏形。随后的"冶金欧洲"和"地平线 2020 计划"明确提出了理论研发（材料建模软件）、材料实验（材料高通量实验）和材料数据库的思路。

日本同样推出了"材料基因组计划"。2015 年，日本国立材料科学研究所（National Institute for Materials Science，NIMS）提出了"信息集成型物质和材料研发计划"（Materials research by Information Integration Initiative，MI2I）（见图 2-6）[22]，在磁性材料、电池材料、热电材料等领域开展了数据驱动型的新型研究，以构筑数据驱动的信息化物质探索和材料研发新模式，即日本的"材料基因组计划"。MI2I 在不断改进材料数据库的同时，还综合利用多学科的研究方法和研究工具（如材料科学、信息科学和数据科学）建立了"信息集成材料研发体系"，形成了一个可以在短期内有效应对产业问题的共享平台。

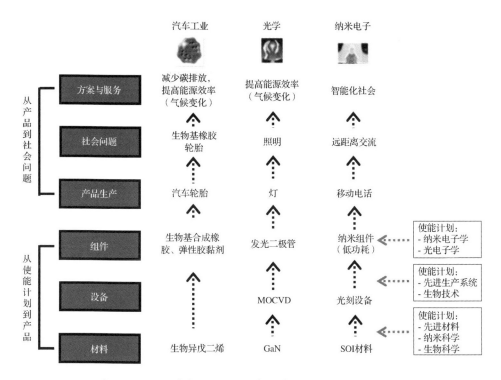

图 2-5 欧洲"关键使能计划"布局（图例根据引文翻译）[20]

在美国提出"材料基因组计划"之后，我国学术界，尤其是材料界迅速做出反应，2011 年 12 月，中国科学院和中国工程院在北京联合主办了以"材料科学系统工程"为主题的香山科学会议，研究中国应对"材料基因组计划"的策略[23]。2012 年起，材料基因组工程论坛与研讨会相继召开。2014 年，中国科学院和中国工程院各自向国务院提交了咨询报告，建议尽快启动中国"材料基因组计划"。2016 年以来，我国将"材料基因组计划"列入科学技术部的重点研发计划，以高校和研究所为主要研发承担单位，布局了高通量计算方法与计算软件技术、材料高通量制备技术、高通量表征与服役行为评价技术、材料大数据技术 4 类技术、6 处平台，共 40 多个项目，在能源材料、稀土功能材料、催化材料、生物医用材料及特种合金材料领域取得了一系列原创性成果和应用突破。目前，北京、上海、深圳等地正在推进材料基因工程的建设，我国材料基因组研发体系正在形成，涵盖从基础工程到场景应用的完整生态系统[24]。

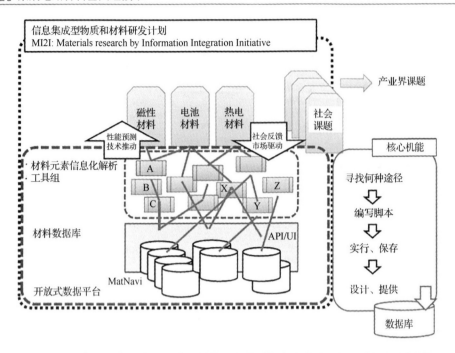

图 2-6　日本"信息集成型物质和材料研发计划"布局（图例根据引文翻译）[22]

2.3　材料基因组技术研究进展及机器学习在其中的应用

材料基因组技术体系主要包括材料高通量实验、材料高通量计算和材料数据库三大创新基础设施。以下将展开介绍三个板块技术的研究进展。

2.3.1　材料高通量实验技术研究进展

材料高通量实验是材料基因组技术体系的三大创新基础设施之一，不仅突破了传统的试错式研究框架，实现了材料的高效研制，而且所获得的丰富的实验结果还可为大数据和计算材料科学提供数据支撑。材料高通量实验技术涵盖高通量制备技术和高通量表征技术，已成为加速新材料研发进程不可或缺的高效工具。

1. 薄膜材料高通量制备技术

材料在维度上可分为薄膜材料、块体材料和粉体材料。材料高通量制备技术可以在短时间内获得普通制备技术无法获得的大量样品。自 1970 年 Hanak 采用多成分拼接共溅射方法制备了二元和三元超导材料后[6]，又相继发展了多种基于不同原理的高通量组合材料的制备方法，并逐渐应用到材料工业领域。薄膜材料的高通量制备技术包括物理掩模法和共沉积法，块体材料的高通量制备技术主要有体材扩散法和快速合金成型法，粉体材料的高通量制备技术包括粉末螺旋混合技术、多工艺复合技术及"喷印"合成技术等。

薄膜材料的高通量制备技术可以通过磁控溅射、化学气相沉积（CVD）、ALD、电子束蒸发等传统的薄膜生长工艺基础实现，是目前发展最快、应用最成熟的技术。薄膜材料的高通量制备技术根据高通量的实现原理分为物理掩模法和共沉积法。

物理掩模法分为分立掩模法和连续掩模法。现在多数的研究中是将分立掩模法和连续掩模法结合在一起运用的，以获得更为复杂的所需材料成分[25]。

分立掩模法（见图 2-7）是物理掩模技术和薄膜材料沉积技术的结合，将不同的掩模和沉积源进行多次组合和更换，实现空间可控分布，制备多组分薄膜样品。该方法在薄膜均匀沉积的前提下，可以实现多层薄膜依次沉积、多元材料组合，适用于制备元素种类多、成分空间跨度大的新型材料（如电学、电化学材料及器件）的高通量研究[26]。项晓东团队基于离子束溅射[27]、脉冲激光沉积（PLD）[8]等制备技术，采用分立掩模法在单个基片上制备了 1024 种不同组分的样品，大大提高了材料的研发效率。该团队利用二元和四元分立掩模，实现了超导材料、荧光材料和介电材料等材料的高通量制备。Cooper 等人基于此技术在 2in 的基片上制备了 64 种不同组分的样品，应用于燃料电池电极材料的电化学性能高通量表征[28]。

连续掩模法是指掩模随时间移动的同时实现薄膜沉积。该方法可使样品组分呈连续渐变式的梯度分布,从而得到成分可控的多元合金组合样品。图2-8所示为三元连续掩模法,即使用连续掩模法制备三元相图[29],结合旋转角度精确控制基片台,可获得成分呈梯度分布($0\sim x\%$)的多元高通量化合物,该方法可用于三元高通量化合物相图研究。项晓东团队采用连续掩模法制备了Ge-Sb-Te三元相变存储材料,通过精确控制连续掩模的移动步长,在1in的基片上制备了样品密度为2个/mm^{2}的样品[30]。日本Pascal公司开发了高通量分子束外延(MBE)系统(见图2-9)[31],将连续掩模法引入分子束外延制备技术。

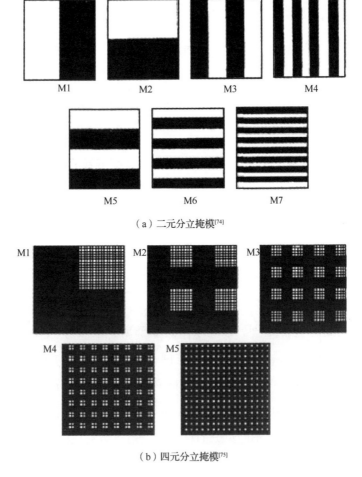

(a)二元分立掩模[74]

(b)四元分立掩模[75]

图2-7 分立掩模法[26]

第 2 章 材料基因组技术发展和研究进展

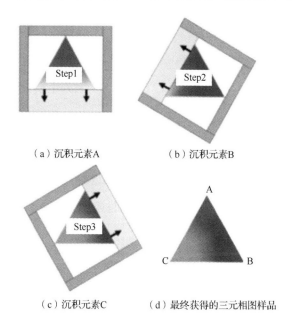

（a）沉积元素A （b）沉积元素B

（c）沉积元素C （d）最终获得的三元相图样品

图 2-8 三元连续掩模法[29]

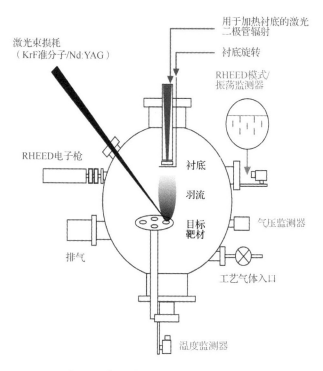

图 2-9 高通量 MBE 系统原理示意图[31]

19

自项晓东等人开创性的组合薄膜材料生长技术问世后,材料基因组思想被逐步引入新材料的研究中,在超导材料[32-37]、巨磁阻材料[8]、荧光材料[38-40]、合金材料[41]、相变材料[42,43]等材料领域的研究中取得了一系列重要成果。

共沉积技术主要通过多源共沉积法制备薄膜,多个沉积源同时工作,通过改变沉积源的相对出射角度、相对位置及施加在各个源上的功率等,调整材料在基片的不同位置的成分分布,最终形成呈渐变的梯度分布的薄膜材料样品。共沉积法根据薄膜材料制备原理的不同可分为共溅射法和共蒸发法,如图 2-10 所示[3]。共沉积法的优点:①不需要额外的物理掩模,既可获得不同成分的连续分布,又可实现不同材料原子级的均匀混合;②可直接对样品进行高温结晶成像,不需要额外的热处理。例如,Mccluskey 等人利用三靶磁控共溅射装置[25],在一次实验中制备了 25 种不同组分的 Cu-Au-Si 玻璃合金样品库。近年来,国内外也陆续发展了可获得四元、五元等多组元合金体系的组合实验技术[26]。

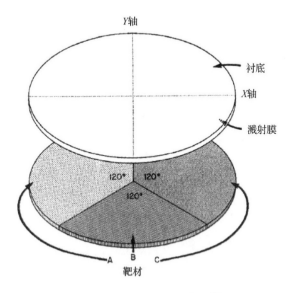

图 2-10 共沉积法示意图[3]

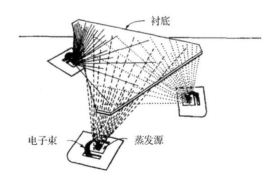

图 2-10 共沉积法示意图[3]（续）

集成电路材料高通量筛选要求高通量设备与先进芯片工艺兼容，促进了全晶圆高通量设备的发展。在国际上，IMI 公司是全晶圆高通量设备与高通量材料研发服务领域技术最为领先的公司，研制了 12in 高通量 PVD 和高通量 ALD 设备，在集成电路存储器领域取得了较好的示范应用。但 IMI 公司的设备仍存在结构复杂、无法高温沉积、ALD 易交叉污染、未集成原位测试等不足，有优化空间。在国内，中国科学院上海微系统与信息技术研究所于 2020 年成功研制了 8in 多靶共溅射高通量 PVD 设备，如图 2-11 所示。该设备包含两个独立腔——进样腔和溅射腔。进样腔可实现晶圆的自动传送，溅射腔可用于沉积薄膜。该设备配有四个独立靶枪，各靶枪单独供气，搭配四个射频电源、三个直流电源，支持最高 800℃的高温反应溅射，可以实现在 8in 的晶圆上完成 10 个隔离点的定点沉积，每个隔离点的尺寸约 3cm（1cm ≈ 0.39in）且各点之间基本互不干扰。当前该团队已经针对 5G 射频滤波器压电材料启动高通量工艺研发。同时，基于 PVD 设备的研究经验，中国科学院上海微系统与信息技术研究所已经启动 8in 高通量 PVD-ALD-XPS 集簇设备的研发。集簇设备包含两个工艺腔——高通量 PVD 腔和高通量 ALD 腔，用于开展高通量薄膜沉积实验；一个测试腔——装备 X 射线光电子能谱分析（XPS），用于薄膜成分及价态高通量定量分析。该设备可以在一片 8in 的硅衬底上沉积和表征性能不同的 8 个以上的独立薄膜。设备研制成功后将满足集成电路及其他领域薄膜材料的高通量研发需求。

图 2-11　8in 多靶共溅射高通量 PVD 设备

2. 块体材料高通量制备技术

近年来，一系列块体材料高通量制备技术得到了新的发展，其中发展最为成熟的是体材扩散法和快速合金成型法。

按照制备工艺的不同，体材扩散法可分为扩散多元节法和扩散切片法。扩散多元节法是在某一温度和某一成分范围内利用多个块状金属间的扩散，在界面处形成成分连续变化的化合物的高通量材料制备方法。具体方法是将多个金属块紧密贴合在一起，通过在真空中高温加热，使金属元素之间发生扩散，在界面附近进行切片可以得到成分连续分布的化合物。但使用传统的方法制备合金的效率低，且不适用于多元体系。为解决这一个问题，Zhao 等人在扩散多元节试样上高效获得了多个二元或三元体系的实验数据，再利用体材扩散法将二元、三元扩散节组合成扩散多元节，成功实现了 $Ti-Cr-TiAl_3-TiSi_2$ 材料体系的制备、表征及筛选，如图 2-12 所示[44]。

第 2 章　材料基因组技术发展和研究进展

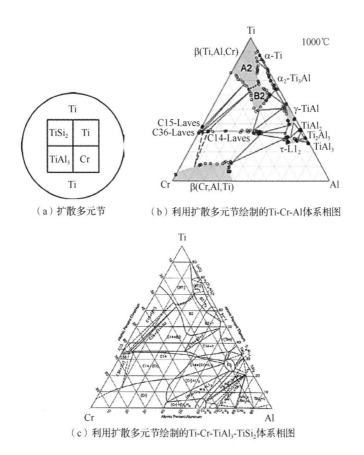

（a）扩散多元节　　（b）利用扩散多元节绘制的Ti-Cr-Al体系相图

（c）利用扩散多元节绘制的Ti-Cr-TiAl$_3$-TiSi$_2$体系相图

图 2-12　扩散多元节及 Ti-Cr-Al 体系相图、Ti-Cr-TiAl$_3$-TiSi$_2$ 体系相图[44]

扩散多元节法还可以获得材料的热力学和动力学信息，发现新的规律来探索合金的设计思路。Zhu 等人绘制了三元 Ni-Cr-Ru 在 900℃下恒温热处理 1000h 的微观组织图[45]。

扩散切片法是指将所需的微量元素放在主元素组成的坩埚中，经过高温退火和冷处理，微量元素熔化凝固，使坩埚材料与微量元素之间形成中间平衡相。再对坩埚进行切片，使用微区 X 射线衍射和磁光克尔成像等高通量表征方法，获得组分-结构-性能映射关系[46]。

快速合金成型法可在短时间内通过高通量块体模拟，实现对不同种类合金的

23

铸造、滚压乃至热处理等的模拟集成，从而在短时间内完成样品的制备。图2-13所示为快速合金成型法示意图。该方法的样品制备过程为：将成分完全相同的FeMnC合金放在5个铜坩埚中，再将质量分数为0~8%的Al分别添加到5个铜坩埚中，然后进行滚压、热处理，再经过火花刻蚀等不同处理手段的处理，最终获得45种成分不同的合金样品。这些合金样品可直接用于测试拉伸等力学与机械性能等表征，也可用于结合晶相分析，提高材料的筛选效率[47]。

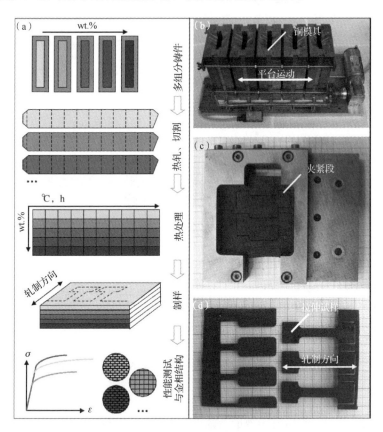

图2-13　快速合金成型法示意图[47]

3. 粉体材料高通量制备技术

比较成功的粉体材料高通量制备技术有粉末螺旋混合技术、多工艺复合技术及"喷印"合成技术等。

粉末螺旋混合技术是由北京科技大学的谢建新院士等人研究提出的[48]。粉末螺旋混合技术是将连续铸造融合到粉末冶金中，通过计算机对粉末输送进行精确控制，采用旋转式的进料方式，使粉末坯料中的化学成分呈现连续梯度分布，再经坯料成型系统的一系列制备措施，获得沿长度方向连续梯度分布的高通量制备金属材料。这一技术可用于多组元的合金型材、管、棒等多组分梯度材料的制备。该技术所用的装置结构简单、性能可靠性高、容易控制、使用非常方便，在有效提高了梯度材料的制备质量和效率的同时，大大降低了制备成本。目前，该技术在生物用镁合金的制备中被广泛应用。

多工艺复合技术主要基于对传统材料制备方法的改造而实现高通量，即通过对组合成分、凝固速度、处理时间、变形量等的调整，使多个工艺流程实现有机连接。图 2-14 所示为沈阳科晶自动化设备公司研制的高温合金高通量制备系统。该系统的粉末输送系统可以精确配置多种纯金属粉末或合金粉末，自动压制为锭子后输送至电弧炉中熔炼，自动熔炼控制系统会按照熔炼顺序熔炼，完成熔炼后通过 X 射线荧光光谱分析（XRF）检测仪自动测定成分，然后对样品进行热处理、金相制备，最后进行硬度测试，整个制备过程均为自动化，实现了复合高通量制备[49]。

图 2-14　沈阳科晶自动化设备公司研制的高温合金高通量制备系统[49]

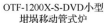

OTF-1200X-S-DVD小型　　MSK-SFM-13S高通量桌
坩埚移动管式炉　　　　面式行星球磨机

图 2-14　沈阳科晶自动化设备公司研制的高温合金高通量制备系统[49]（续）

"喷印"合成技术的多组分原料输送是通过喷射将原料输送到反应腔中或者沉积在基片上，根据样品制备要求，可采用不同的喷射方法（喷墨打印法、激光喷涂法、等离子喷涂法、超声雾化喷涂法等）来确保多组分样品的制备前驱体混合均匀，满足样品成像要求。喷墨打印法和超声雾化喷涂法是目前最为成熟、应用最广的方法，可在有机、无机结构材料和功能材料的制备中实现对多组分分子的混合。图 2-15 所示为扫描式多喷头喷墨液相合成系统示意图[50]。中国科学院上海硅酸盐研究所研发了组合溶液滴定技术（见图 2-16），并将其应用于快速发现、优化和筛选微量掺杂有效的荧光材料、耐火材料等[51]。

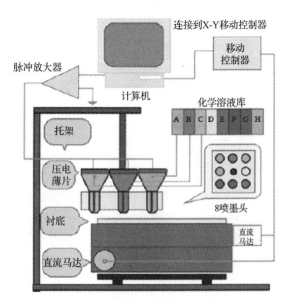

图 2-15　扫描式多喷头喷墨液相合成系统示意图[50]

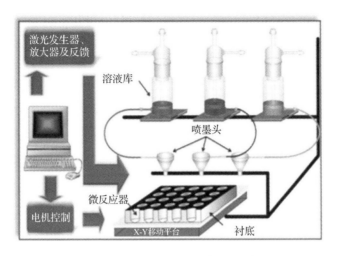

图 2-16 组合溶液滴定技术示意图[51]

在不久的将来，高通量制备技术将更加实用化和智能化，在与人工智能及大数据技术结合后，将成为材料实验数据快速生产、处理、传输和共享应用坚实的基础。

4．高通量表征技术

高通量材料制备技术已经相对成熟，有多种方法可以制备梯度材料库。然而，用传统的表征方法在较短的时间内对如此多的样品进行表征是比较困难的。高通量制备需要配套的高通量表征技术以快速分析高通量样品，实现高通量实验的有效性。Gao 等人指出，由于材料的多样性和材料库的特殊性（小尺寸、梯度、大样本）决定了高通量表征技术的基本特征，如高分辨率、高输出及微区测量等，因此高通量材料的表征技术发展相对困难[52]。近二十年来，随着科学技术的不断进步，人们探索了许多高通量表征手段。本部分重点梳理几类发展较成熟的高通量表征技术，包括高通量成分与结构表征技术、高通量热力学表征技术、高通量电化学表征技术、高通量磁学表征技术、高通量力学表征技术和高通量光学表征技术。

光学表征可以直接、快速地表征材料的成分和结构等性质，常用的光学检测方法包括 X 射线衍射/散射仪、X 射线能谱仪、X 射线荧光光谱分析仪、紫外/可见/红外分光光度计等。传统的光学检测仪器存在光通量密度较低、空间分辨率不够高等问题，无法应用于样品的高通量微区表征分析中[53]。同步辐射光源提高了高通量表征过程中所需的光通量密度、亮度及分辨率，使样品的检测更加精确，是目前一种较好的材料高通量表征方法[54]。上海大学、桂林电子科技大学、上海硅酸盐研究所和中国科学院上海高等研究院合作，在上海同步辐射装置的高通量 XRD 平台上对通过组合材料技术制备的$(Lu_{1-x}Sc_x)_{0.99}Ce_{0.01}BO_3$（LSBO：Ce，$x=0\sim1$）晶体结构进行了表征，快速且高效地筛选出 $x=0.2$ 的最佳 LSBO：Ce 材料组分[55]。

由于同步辐射光源属于大型科学装置，资源有限，为此，劳伦斯伯克利国家实验室开发了全自动集成微区 X 射线荧光和衍射系统［见图 2-17（a）］[56]。该系统包括一个 X 射线源、一个高亮度 X 射线聚焦源和一个用于同步绘制成分的 X 射线荧光光谱仪。该系统的聚焦强度比采用相同 X 射线源的针孔装置的聚集强度至少高 10~20 倍，空间分辨率可达 10μm，样品可以通过 1in^2 的扫描台扫描，能够快速表征高通量实验样品的成分和结构，在一定程度上满足了高通量材料的表征需求。图 2-17（b）展示了全自动集成 X 射线荧光和衍射系统的工作原理示意图和表征得到的四元材料（Zn、Zr、Sn、Ce）组分分布的彩图。此外，在材料显微组织结构表征方面，钢铁研究总院的王海舟院士团队发展了一种高通量扫描电镜技术，实现了对辉光放电溅射制备的单晶高温合金样品进行大尺寸、快速、全域的显微组织结构图像采集[57]。

在研究材料的性能时，通常要对材料的热容、焓变、相变温度等热力学参数进行分析测试。并行纳米扫描量热计（见图 2-18）可以高通量测量材料的热容、焓变、相变温度等热力学参数[58,59]。Vlassak 等人利用该设备研究了 Au-Cu-Si 非晶态合金材料不同组分对应的转变焓与玻璃态转变温度的分布，如图 2-19 所示[60]。另外，飞秒脉冲激光技术也适用于薄膜及体材热力学参数的微区表征，包括热膨胀系数、导热系数、热电参数、熔点、热力学参数等。图 2-20 所示为飞秒激光热力学测量法的测试原理示意图[61]。在样品上镀一层 80～100nm 的纯铝，把快速激光分成两束，一束激光用作加热，一束激光用作探测反射率。通过反射率随时间变化导致表面温度随时间变化的关系来求解方程，就可测出热传导系数。

（a）全自动集成微区 X 射线荧光和衍射系统实物图

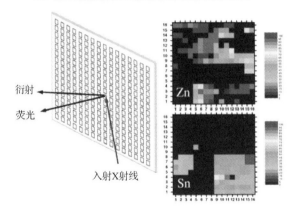

（b）工作原理示意图及四元材料组分分布的彩图

图 2-17　全自动集成微区 X 射线荧光和衍射系统[56]

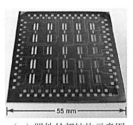

（a）器件外部结构示意图

图 2-18　并行纳米扫描量热计[58]

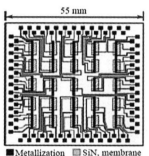
(b）器件内部结构示意图

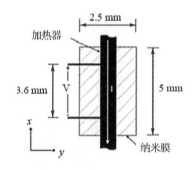
(c）单个量热单元示意图

图 2-18 并行纳米扫描量热计[58]（续）

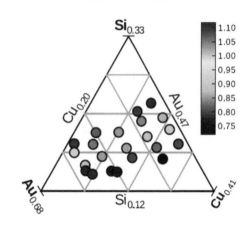
（a）Si∶Cu 玻璃态的成分

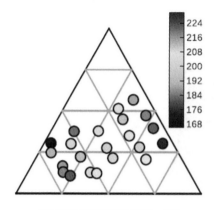
（b）玻璃态转变温度（单位：℃）

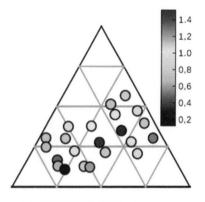
（c）玻璃态转变焓（单位：kJ/mol glass）

图 2-19 高通量表征 Au-Cu-Si 非晶态合金材料的热力学性质[60]

第 2 章　材料基因组技术发展和研究进展

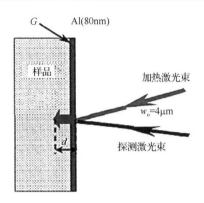

图 2-20　飞秒激光热力学测量法的测试原理示意图[61]

美国 Princeton Applied Research、AMETEK 开发了 VersaSCAN 高通量组合电化学表征系统（见图 2-21）[62]。该系统建立在电化学扫描探针的设计基础上，可进行超高测量分辨率及空间分辨率的非接触式微区形貌及电化学微区测试。该系统的特点是样品定位精度高，空间分辨率高达 50nm，能够全自动测试高密度组合材料样品。目前，VersaSCAN 已广泛应用于薄膜电解质、锂电池正负极、半导体等重要材料的高通量电化学性质的表征。

图 2-21　VersaSCAN 高通量组合电化学表征系统[62]

磁力显微镜（MFM）是一种原子力显微镜，可以实现高通量微区磁学性能表征[63]。磁力显微镜的空间分辨率通常可达 50nm，足以对互扩散的多元素进行高通量磁畴表征。图 2-22 所示为采用磁力显微镜表征 Co-Cr-Mn-Nb-Ni 多元扩散节样品富 Co 区域的磁学特性[64]。此外，可用于高通量微区磁学性能表征的工具还有扫描霍尔探针显微镜[65]、扫描磁光克尔效应成像系统[66]、超导量子干涉器件扫描显微镜[67]等。综合利用这些工具可实现全面的材料磁学性能高通量微区表征。

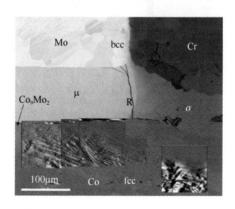

图 2-22　采用磁力显微镜表征 Co-Cr-Mn-Nb-Ni 多元扩散节样品富 Co 区域的磁学特性[64]

目前较常见的微观力学测试手段包括纳米压痕技术、原子力显微镜和扫描探针显微镜等。

纳米压痕技术通过计算机程序控制载荷发生连续变化，实时测量压痕深度。其检测传感器具有优于 1nm 的分辨率，可以在纳米尺度上测量材料的力学性质，如应力应变、硬度、强度、杨氏模量等。Pathak 等人[68,69]首次证明了在球形纳米压痕中测量的载荷-位移数据可以转换为压痕应力-应变曲线，之后纳米压痕技术成为一种用于高通量机械表征的新方法，并已商业化。原子力显微镜具有高的横向分辨率和纵向分辨率，不要求样品具有高的导电性，常被用来检测样品表面的粗糙度及绝缘体或半导体等导电性差的样品的表面形貌图。扫描探针显微镜适用于对高通量材料的结构和表面微区进行定性分析与表征，可产生高分辨率图像，在高通量力学测试方面具有很大的应用价值。

连续光谱椭偏仪是一种光学技术分析和计量仪器，可对材料的高通量微区光学性质进行表征，其优势是能够获得较大的光谱范围和高的空间分辨率。现有的连续光谱椭偏仪商业产品可提供 10μm 的空间分辨率和较大的光谱范围，可用于高通量微区光学性质的表征。利用连续光谱椭偏仪表征PLD工艺制备的ZnO-MgO组合材料样品的光学性质，并进一步分析其带隙特性，如图2-23所示[70]。除连续光谱椭偏仪外，激光椭偏仪[71]、阴极荧光计[72]、光致荧光测试仪[73]均可实现高通量微区光学性质的表征。

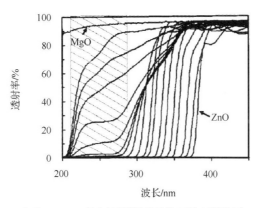

（a）MgO-ZnO组合材料样品的紫外-可见光谱透过率

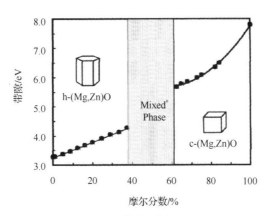

（b）MgO-ZnO组合材料样品带隙及物相的对应数据

图2-23 高通量表征ZnO-MgO组合材料样品的光学性质[70]

2.3.2 材料高通量计算技术研究进展

在材料基因组技术体系中，材料高通量计算技术非常重要，是实现"材料按需设计"的基础，一方面能够帮助高通量实验缩小材料范围，另一方面能够提供理论依据。材料高通量计算技术是指采用标准统一的规范，一次并发处理海量材料，包括批量的构建结构数据、提交任务、管理任务，并对计算结果进行高度自动化的批量分析处理[74]。材料高通量计算技术依托高性能计算资源和工作流程管理系统，结合多尺度计算方法和软件，实现材料体系的设计、计算和筛选，获得候选新材料的微观结构特征、制备加工参数、物理化学性质、辅以性能和寿命等信息，指导新材料的制备、表征和服役评价。材料高通量计算通常以功能为导向，利用模拟手段建立结构和性质的关系，探索已知和未知的新材料或新性质，具有效率高、自动化、可并行等优点。

材料高通量计算具有以下基本特征：①支持材料成分-结构的多参量设计和筛选，筛选大量初始结构，获得具备目标功能的候选结构；②通过集成软件和功能模块建立目标材料的自动筛选工作流程，实现设计和筛选过程的智能化和自动化；③计算资源的高效利用，采用高通量或云计算等先进技术支持多用户和多任务运行和管理；④融合数据库资源，利用数据资源设计构建材料体系计算模型、计算结构并反馈给数据库。

目前已知的众多高通量计算方法均符合如图 2-24 所示的高通量计算流程[75]。首先从外部的晶体结构数据库中选择目标数据，进行计算得到材料相应的性质数据，将运算结果保存到内部数据库以备进一步的分析，分析所得的内容和数据又可再次扩充原先的数据库，反复地迭代更新，形成良好的正反馈。因此，要形成并完善一套程序化的高通量计算流程，需要把各种计算软件包（各类计算方法的程序化）、各部分运行程序或指令（如生成输入文件、材料性质模拟、结果分析程序等）、计算硬件设备和数据库等集成[76]。

因为不同类型的材料研究关注的性质不同，所以调用的计算方法及数据库等都需要灵活地尝试和调整，以期达到最佳的效果。目前已知的应用于高通量计算并取得优秀科研成果的计算方法有第一性原理计算、热力学计算、分子动力学模拟等。随着材料科学、物理学、计算机科学等多学科的交叉和融合，跨尺度的计算方法在不同空间/时间尺度范围内的对应关系如图 2-25 所示。下面将简要介绍几种发展较快、较为成熟的计算方法。

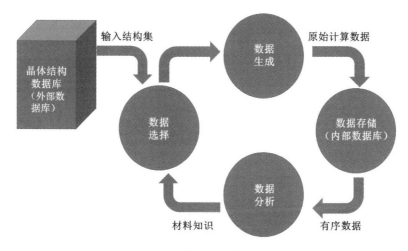

图 2-24　高通量计算流程[75]

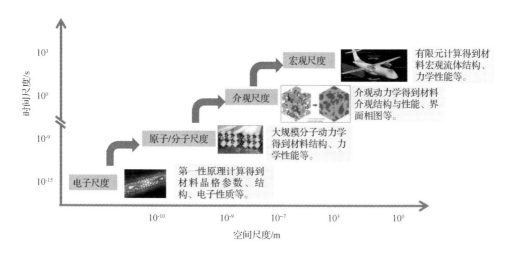

图 2-25　跨尺度的计算方法在不同空间/时间尺度范围内的对应关系

基于量子力学的第一性原理计算方法，是在材料基因组计算方面应用最为广泛的方法。它不需要采用任何经验参数，只需要采用电子质量、质子质量、光速、元电荷、普朗克常数五个基础的物理量，通过求解薛定谔方程能够较为准确地计算电子结构、总能量和稳定性等相关数据，预测热力学、动力学和力学性质。在过去的五十多年中，第一性原理计算方法经历了较为漫长的发展过程，从最初的

Hartree-Fock 理论到量子蒙特卡罗方法，再到目前应用最好的密度泛函理论（Density Functional Theory，DFT）[77]。大量的研究证明了第一性原理计算方法的优良效果，而且随着新发展的交换关联泛函，第一性原理计算方法一直在不断克服原先方法的不足和缺陷，获得更高的计算精度。此外，随着计算机科学与技术的不断发展，复杂的计算问题也得到了很好的解决，进一步推动了密度泛函理论的发展和应用。

分子动力学模拟是从分子尺度上计算物质的热力学性质，结合物理、数学和化学知识的综合计算机模拟方法。该方法通过求解牛顿运动方程来获得微观粒子的运动轨迹，并从分子体系的不同状态出发，进一步计算得到分子体系的热力学参数和其他宏观性质[78]。不同于密度泛函理论的上百个原子体系计算的惊人计算量，分子动力学利用经验势代替原子间实际作用势，整个体系的计算量大大降低，计算速度有了质的提升[78]。在给定的初始条件下，可以根据牛顿运动方程计算粒子在已知的相互作用下随时间在空间中的运动轨迹，非常直观地获得材料相关的动力学性质，如材料的结构问题（相变、缺陷等）、粒子扩散情况等[79]。然而经典分子动力学在选用经验势时，十分受限于经验势的正确性和适配性，而且没有充分考虑电子的贡献，这样在模拟中它既不能得到成键性质也不能得到电子性质，这是经典分子动力学的致命缺陷。针对这一问题，提出了改进思路：将密度泛函理论与分子动力学结合起来的改进思路，发展了从头计算分子动力学（CPMD）方法[78]，极大地改善了分子动力学的正确率，使得计算机模拟实验的广度和深度得到了极大的提升。

相场法（Phase Field Method）以 Ginzburg-Landau 理论为基础，假定材料在界面处的物理特性是连续变化的，从而引入一系列的场变量来描述材料的局域物理属性，通过求解相场动力学方程来计算不同外场条件下材料介观尺度形貌、微组织结构元素扩散等属性随时间的变化情况。在通常情况下，相场模型被分为微观相场和连续相场两种。其主要区别在于，微观相场根据原子在晶格中的分布情况等来求解界面的迁移情况和微观组织形态等物理属性；连续相场采用局域平衡近似，微观组织晶体取向、磁畴方向等通过不同的序参数量表示[79]。目前比较具有代表性的相场模型是研究超导性的相场模型[80]，通过引入梯度向量和一系列序参数量，构造效果较好的超导性模型。相场法随着计算机技术的发展也在不断地推陈出新，在微观组织模拟领域有着很好的应用和发展前景，且与各类其他尺度的计算方法联系密切，在进行材料研究时能够相互配合补充。

有限元方法（Finite Element Method，FEM）是用于求偏微分方程近似解的一种数值方法[81]，最早由 Hrennikoff 和 Courant 提出。通过将连续域离散成多个有限大小的子域来近似求解，成功在结构分析中引入了弹性理论[79]。有限元方法在求解物理场问题方面的应用非常广泛，其原因在于有限元方法受偏微分方程形式的限制较小，能处理各种复杂的几何形状，通过线性代数得到的近似解的误差也极小。有限元方法已经成为各领域的物理场分析中应用最为成熟的数值方法之一，在涉及宏观材料或器件在多物理场（温度场、电磁场、应力场等）耦合条件作用下的情况时，常规的解析方法无法求解变系数偏微分方程和动态边界条件下随外场和时间而变化的物理模型，但有限元方法能获得较为精确的小区域场分布模型，有着得天独厚的优势。随着计算机技术的发展，有限元仿真软件也在不断地升级和完善，其中比较有影响力的就是 Ansys 和 Abaqus。但是在材料基因组方向的应用方面，由于很多材料的结构和外场条件非常复杂，因此现阶段的软件还是难以处理，软件的更新优化、二次开发是必不可少的。

根据不同尺度、不同性质的需求，选择不同的计算方法。第一性原理计算方法可以用来计算较小尺度的晶格结构、能量等。例如，Curtarolo 等人基于第一性原理计算方法[82]，计算了 80 个二元合金的 176 个晶体结构的能量，除去不稳定结构，有 89 个化合物的结构数据和实验数据一致，如图 2-26（a）所示。针对甘氨酸等大分子体系，CPMD 方法能够在保证计算效率的情况下，极大地改善计算正确率，如图 2-26（b）所示[83]。相场方法通常用来预测材料的相图和热力学性质。例如，Kaufman 和 Cohen 通过规则溶液模型计算得到了 Fe-Ni 的相图，如图 2-26（c）所示[84]。有限元方法可以用来计算宏观尺度材料的流体结构、力学性质等。

例如，卓柏呈等人采用有限元的材料基因工程，模拟了 45 号大型钢铸锭的成型过程，指导传统浇铸工业的工艺流程与参数调整，如图 2-26（d）所示[85]。

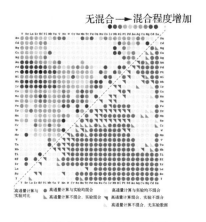

（a）二元金属间化合物的高通量分析

（b）甘氨酸分子结构

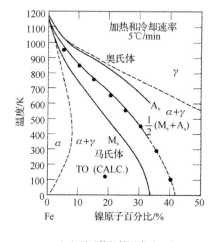

（c）马氏体起始温度（M_s）- 奥氏体起始温度（A_s）相图

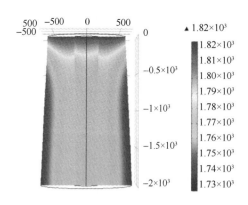

（d）液芯挤压锭温度（单位：℃）

图 2-26　不同尺度的计算模拟[82-85]

随着计算机技术和人工智能技术的发展和融合，材料计算开始逐渐向高通量材料集成计算方向发展。杨小渝提出，高通量材料集成计算的含义需要从两个角度考虑：在计算科学的角度，强调大规模、多用户、高通量计算、自动化等特点[86]；

在材料科学的角度,更加强调组合化学中"高通量筛选"和"构建单元"两种理念与信息技术的应用和融合。高通量材料集成计算实现的前提是海量的数据,但诸多材料性质的实验数据都不存在或难以获得,尽管第一性原理的计算数据可以在一定程度上弥补材料数据匮乏的缺点,但是一个有效的计算和数据信息化平台的搭建已经是必然的需求。高通量集成计算平台将高性能的计算平台与软件结合起来,以材料数据库为基础,运用自动化高通量算法,完成高通量的晶体结构建模、高通量计算任务的生成与提交、计算结果的自动处理及计算数的抽取、存储和管理等多项任务,从而实现计算与数据及资源的一体化管理。高通量集成计算平台是解决高通量计算瓶颈问题的重要手段[87]。表 2-1 列出了一些国内外发展比较成熟的材料计算平台。

表 2-1 典型的材料计算平台介绍

平台名字	可计算的尺度	兼容的软件	性质信息	建立者	建立时间
MatCloud	电子、分子	VASP①	能带、态密度、介电函数、弹性常数、几何结构优化、声子谱、热力学性质、静态能量、总磁矩计算、线性光学性质等	中国科学院计算机网络信息中心材料基因信息技术实验室	2015 年
Materials Project（MP）	电子、分子	VASP	形成能、带隙、态密度、相图、电池材料放电曲线	麻省理工学院、劳伦斯伯克利国家实验室	2011 年
Open Quantum Materials Database（OQMD）	电子、分子	VASP	态密度、空间群、形成能、相图	西北大学 Wolverton 小组	2013 年
Automatic-Flow for Materials Discovery（AFLOW）	电子、分子	VASP、QE②	基态能量（稳定性）、相图、能带、声子光谱、表面稳定性、超导性、弹性、热学特性	杜克大学	2012 年
AiiDA	电子、分子	VASP、QE	晶体结构、能带、声子本征向量	洛桑联邦理工学院（EPFL）	2016 年

续表

平台名字	可计算的尺度	兼容的软件	性质信息	建立者	建立时间
Artificial Learning and Knowledge Enhanced Materials Informatics Engineering（ALKEMIE）	电子、分子	VASP、ASE③	能带、态密度、静态能量	北京航空航天大学	2017年
High-Throughput Computational Platform of Chinese Materials Genome Engineering（CNMGE）	微观、介观、宏观、多尺度	VASP、LAMMPS④、OpenFOAM	结构弛豫、能带、力学特性、界面特性、显微组织结构、热稳定性	国家超级计算天津中心	2018年
Novel Materials Discovery（NOMAD）	电子、分子	ABINIT、FHI-AIMS、GPAW	能量、电子结构、能带结构、态密度	NOMAD实验室	2015年
Materials Informatics platform（MIP）	电子、分子	VASP	电子结构、电子传输特性	上海大学计算机工程与科学学院和材料基因组工程研究院	2018年
Computational Electronic Structure Database（CompES-X）	电子、分子	VASP	能带、态密度、能量、电荷密度等	日本国立材料科学研究所	2017年
Matgen	电子、分子	VASP、GAUSSAIN	能带、态密度、光学特性、电磁特性	中山大学数据科学与计算机学院、广州国家超级计算机中心	2019年

注：① VASP：Vienna Ab-initio Simulation Package。
② QE：Quantum Espresso。
③ ASE：Atomic Simulation Environment。
④ LAMMPS：Large-scale Atomic/Molecular Massively Parallel Simulator。

其中，由劳伦斯伯克利国家实验室和麻省理工学院在 2011 年共同开发的 MP 计算平台在材料基因组研究领域中较为知名。该计算平台以储存着几十万条材料数据（13 万条无机化合物数据、7 万条能带结构数据等）的数据库为基础，借助超级计算机的计算能力，使用密度泛函理论，实现对材料能量、电子结构、弹性系数等属性的计算和预测。该研究团队基于这一计算平台进行了大量的材料挖掘和预测工作，其中一系列锂电池材料、热电材料等有关材料的研究工作最为瞩目，大大推进了相关领域的发展。现在的 MP 计算平台不断优化各种电子结构计算方法和扩充数据库，进一步把机器学习、人工智能等计算机数据处理手段与材料高通量计算相结合，以提高计算和数据处理的效率。

国内的计算平台也有很多，如上海大学计算机工程与科学学院和材料基因组工程研究院共同研发的 MIP 计算平台、中国科学院计算机网络信息中心材料基因信息技术实验室开发的 MatCloud 计算平台、北京航空航天大学研发的 ALKEMIE 计算平台等。MIP 计算平台面向热电材料特色输运模块，集成了 TransOpt 电输运计算软件包，支持网页动态交互生成材料的电输运性质等信息。MatCloud 计算平台实现了成果转化（MatCloud+），基于云计算 SAAS 和 IAAS 理念，直接与计算集群和数据库连接，完成了材料成分的设计、性质的计算和预测、数据的存储和处理任务，实现了高通量和自动化。MatCloud 计算平台集成了多种尺度的运算模块，是自动化高通量计算云平台中商业化比较成功的案例之一。ALKEMIE 计算平台是国内少有的集成了不同尺度高通量计算模拟软件的高通量计算平台。这种跨尺度的集成计算能够为材料的多维度筛选提供一定的借鉴经验。

综合来看，引入各类大数据分析处理方法几乎是每个计算平台正在进行或将要进行的事情。例如，机器学习、深度学习等人工智能方法将很好地提高高通量计算平台在数据分析和计算等方面的能力，推动材料基因组技术的加速发展。数据库的共享化也在积极地推动中，在数据驱动模式逐渐成为材料科学研究趋势的背景下，各数据库之间的共享有助于科研的进行。此外，多尺度、跨尺度计算也成为一大研究热点和趋势。

2.3.3 材料数据库技术研究进展

材料数据库可以为材料高能量计算提供基本的计算数据，也可以为材料高通量实验的设计提供基础数据。同时，通过计算和实验获得的材料数据也可以丰富材料数据库[88]。材料数据库是材料基因工程中不可或缺的一环，无论是计算生成的数据，还是实验生成的数据，最终通过有效的数据分析手段，都能带来一定的预测新材料、材料性能的辅助设计的作用。材料数据库具有支撑和服务材料高通量计算和材料高通量实验的功能，以及自动采集和归档高通量计算/实验数据的功能，应满足复杂异构材料数据存储与检索的需求。同时为了保证数据的可用性，便于后续的数据查询、分析和挖掘，材料数据库的建立应满足一定的规范。数据基础设施建设、材料检索引擎研发和材料人工智能应用已成为国际各大科研机构在数据驱动材料发展领域普遍关注的方向。

在数据基础设施建设方面，必要的硬件设施、数据库的数据存储模式、数据通信等均要以数据的高可利用性为目的，设置最优的数据库架构。随着信息的爆炸式增长及计算机技术的发展，目前数据库的发展趋势逐渐朝向多源异构、云端 SAAS 化的方向发展。而这种发展趋势也为材料数据库的检索引擎的研发带来了不小的挑战。面对同一个材料，不同的数据库可能有面向数据库的特定的查询字段，如何融合不同的数据库进行功能性质查询，不同的数据库在查询时的数据调用，数据库与查询界面的接口，不同的数据库的物理与逻辑的兼容，数据库的备份容灾等都是需要考虑的问题。在数据的进一步应用方面，高可靠的数据更便于通过数据挖掘、机器学习的方法构造数据模型，为材料的人工智能应用提供研究基础。

自 2011 年提出材料基因组计划以来，国际上共享的材料数据库资源逐渐从美国和欧洲某一材料类型的独立数据库，发展到涵盖多个数据库并由统一门户接入的数据中心。在数据库的多源异构和云端 SAAS 化演进的过程中，兴起了很多代表性的材料数据库，如 MP[89]、OQMD[90]、NIST Materials Data Repository[91, 92]、

NREL MatDB[93]、AFLOW[94]、NOMAD[95]、Computational Materials Data Network[96]、Citrine Informatics' Citrination Platform[97]、AiiDA[98]。还有一些数据涵盖范围比较广的包括计算、实验的数据库，例如，由日本国立材料科学研究所建立的材料数据中心涵盖10多个专业材料数据库，欧洲NOMAD数据库平台与各种第一性原理计算软件的数据结构兼容。还有许多通用的科学存储库，如Zenodo[99]、Dryad[100]、Figshare[101]和Dataverse[102]。在电子科学领域也出现了许多新兴的数据库，如PRISMS[103]、Materials Commons[104]。表2-2列出了一些国内外典型的材料数据库。其中，国家基础学科公共科学数据中心、材料基因工程数据库等融合多种材料数据类型数据库的出现，标志着数据库多源异构的发展趋势。

表2-2 典型的材料数据库介绍

数据库名字	数据类型	数　据　量	是否共享	建　立　者	建立时间
Materials Project	实验、计算	超过84 000种材料结构性质	是	麻省理工学院、劳伦斯伯克利国家实验室	2011年
Open Quantum Materials Database	实验（与ICSD共同测量）、计算（密度泛函理论）	超过815 654种材料结构性质	是	西北大学Wolverton小组	2013年
Automatic-FLOW for Materials Discovery（AFLOW）	计算	超过150 000个合金的热力学条目	是	杜克大学	2012年
Inorganic Crystal Structure Database（ICSD）	自1913年以来发布的所有具有原子坐标的无机晶体结构记录	超过70 100条记录	是	德国Fachinformationszentrum Karlsruhe、美国NIST	2002年
Cambridge Structural Database（CSD）	实验	超过50万种小分子晶体结构	是	剑桥晶体数据中心	2002年

续表

数据库名字	数据类型	数据量	是否共享	建立者	建立时间
Crystallography Open Database（COD）	收集已有的小分子晶体结构	超过15万种小分子晶体结构	是	Armel Le Bail、Luca Lutterotti and Lachlan Cranswick	2003年
Total Materia	实验	超过45万个金属材料的性能数据	是	瑞士Key to Metals AG	1999年
MatNavi	通过MatNavi集成搜索引擎	超过20个数据库及应用系统	是	日本国立材料科学研究所	2003年
国家基础学科公共科学数据中心	汇总各个数据库于一个平台中	718个数据集；731.04TB	否	中国科学院	2017年
国家材料科学数据共享网	整合现有的较为成熟的材料科学数据	超过2.4万种材料的70多万条数据	是	北京科技大学	2010年
材料基因工程数据库	实验、计算、文献等	超过333万条数据	是	北京科技大学	2018年

值得注意的是，对于多元异构的数据库，建立统一的数据标准规范是必不可少的。然而材料领域缺乏完备的标准体系，许多新材料产业甚至传统材料领域缺乏统一的标准，而有一些产业却存在标准过多、难以统一的问题，这给数据库的建立及现存数据库的数据应用带来了阻碍。同时，现有数据库的标准往往专注于某一领域的应用，其完备性缺失，关联性差，过程控制和评价标准缺失，无法满足高质量发展的需求。作为科研领域推进标准与标准化的重要探索示范，2017年，中国成立了中国材料与试验团体标准委员会（CSTM），并于2019年发布了全球第一部材料基因工程领域的数据标准《材料基因工程数据通则》（以下简称《通则》），《通则》以确保数据的规范性、准确性、高效性和可复现性为目标，引领材料基因工程标准化的创新驱动，为材料产业的高质量发展提供强有力的支撑。在数据标准应用方面，中国钢研科技集团基于《通则》，结合高速列车车轮车轴产业化国家重点工程与综合领域共同制定了若干大尺寸构件全域高通量原位统计映射表征技术标准；上海交通大学基于《通则》，结合组合芯片标准化元数据设计实践，建立了通用性标准化"材料元数据信息流"模型。

完备的数据标准也为数据库的 SAAS 化提供了便利,便于数据的共享与研究,促进材料科学进入利用数据驱动新材料开发的第四范式。未来材料科学技术、材料基因工程的发展将极大地依赖大数据基础、数据共享、数据挖掘和人工智能的协同发展,整合分散、独立、局限于专题和门类的数据库资源,实现数据共享和更广泛的数据再利用的数据库平台。

多元异构数据库的出现为材料搜索引擎的研发带来了一定的难度。材料数据来源不同、材料类型不同、材料存储物理节点不同等均需要设置统一的数据库接口来实行统一的搜索、调度、分析。根据材料的数据特征,基于多源异构数据建模,现有的比较有效的搜索引擎大多基于知识发现及知识图谱构建方法,以求实现动态数据感知、智能采集与流程间数据耦合。而知识图谱的构建也为后续机器学习、人工智能的应用提供了一定的基础。

2.3.4 机器学习在材料基因组技术中的应用

尽管材料基因组技术已从数千种材料中成功地筛选出了一些可能有用的材料,但筛选出的材料可能多达 10^{100} 种,从而限制了当前的材料基因组技术的发展。有一种方法可以解决此问题——使用人工智能工具(如机器学习、深度学习和各种优化技术)来有效地评估材料性能[105]。

材料是由极大数量的原子构成的,描述材料的参量包含成分、结构、缺陷等。材料性能通常是多个物理机制相互作用的结果。利用人工智能方法可以同时研究多参量相互作用的效果,对于理解与发现各种材料参数与性能间的关联极有帮助[106]。

材料基因组的工作模式分为三种。第一种工作模式是实验驱动,即基于高通量的合成与表征的实验,直接优化和筛选材料,通过逐个、逐批试验实现量变引起质变。第二种工作模式是计算驱动,即基于理论计算模拟,预测有希望的候选材料,缩小实验范围,最后利用实验进行验证。这种工作模式应用广泛,从原子尺度到介观尺度都有相应的方法,包括第一性原理计算、分子动力学模拟、介观方法。第三种工作模式是数据驱动，即基于机器学习和数据挖掘的材料信息学，通过大量数据和机器学习建立模型，预测候选材料[106]。

实验驱动与计算驱动是基于事实判断或者物理规律的推演，而数据驱动则是信息爆炸时代催生的具有革命性的研究方法。人工智能方法擅长建立数据间的关系，是传统认识范式的补充与延伸，它的全面应用将带来颠覆性的效果[88]。材料研发趋势如图2-27所示。

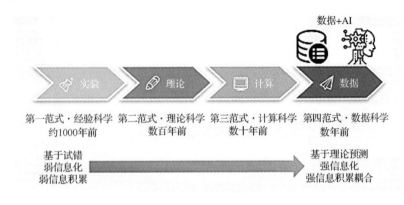

图 2-27　材料研发趋势

这里重点介绍人工智能领域中的机器学习部分。机器学习是计算机科学与统计学之间的一门交叉学科，是人工智能和数据科学的核心，通过算法学习来促进在线数据和低成本计算的可用性[106]。

材料的类型多种多样，影响结果的因素也多种多样，因此数据关系需要明确，并且机器学习方法擅长在众多数据点之间发现和建立连接。因此，机器学习方法的引入有益于理解和发现实验参数与材料性能之间的相关性[107]。

机器学习的主要过程可以分为数据准备、描述符选择、算法/模型选择、模型预测和模型应用[108]。通过将此过程应用于材料发现和设计，完成完整的循环，从实验过程数据收集到性能预测，最后到实验验证。机器学习方法为提取物质现象之间的重要关联提供了有效的工具集。在材料科学领域，一些材料研究人员已经使用机器学习方法预测材料性能了[107]。

机器学习可帮助发现、设计和优化新型材料，长期目标是不断学习和提高算法的效率，发展迅速。材料是第一个"指纹"（又称生成描述符或特征向量），然后是描述符与目标属性之间的映射，最后是性能预测[109]。无论研究哪种材料，机器学习良好表现的前提是拥有数据的积累。在机器学习算法中，输入通常是材料的组成部分或过程参数，而输出通常是感兴趣的一种或多种特性。

常用的机器学习算法有决策树（Decision Tree）、随机森林、主成分分析、回归算法、聚类算法、支持向量机（SVM）等。下面对部分典型算法进行简单介绍。

决策树是一种非参数的监督学习方法，能够从一系列有特征和标签的数据中总结出决策规则，并用树状图的结构来呈现这些规则，以解决分类和回归问题。决策树容易理解，适用于各种数据，在解决各种问题时都有良好的表现，尤其是以树模型为核心的各种集成算法，只需要问一系列问题就可以对数据进行分类，简单易懂，在各个行业和领域都有广泛的应用。

随机森林也可以用来分类，采用装袋集成算法，通过对基评估器的预测结果进行平均计算或者用多数表决原则来决定集成评估器的结果。随机森林的所有基评估器都是决策树，分类树组成的森林称为随机森林分类器，回归树组成的森林称为随机森林回归器。随机森林是一种有参数的灵活实用的方法，在市场营销、医疗保健、保险等领域的应用非常广泛。

主成分分析是一种降维算法。降维的目的是减少特征向量的数量，让算法运算更快，效果更好，同时便于数据的可视化。主成分分析是特征矩阵分解降维的核心，通过正交变换将一组可能存在相关性的变量转换为一组线性不相关的变量，转换后的这组变量称为主成分。在许多领域的研究与应用中，通常数据的来源、变量比较复杂且相互关联，大量的冗余信息在一定程度上增加了数据分析的工作量与问题分析的复杂性。主成分分析有利于从复杂的数据中抽取重要参量，在材料科学的研究中具有重要的应用前景。

回归算法是一种应用广泛的预测建模算法。这种算法的核心在于预测的结果是连续型变量。只要符合特征预测连续型变量的需求，就可以使用回归算法，例如，根据有机物质中残留的碳 14 的量来估计化石的年龄。基于计算机算力的提高和对大量数据快速分析的应用需求，衍生了许多回归类算法。典型的有线性回归和逻辑回归，以及一些分类算法改进后的回归算法，比如回归树、贝叶斯回归、支持向量回归、随机森林回归等。

机器学习的算法有很多，且在更高阶的人工智能领域还有深度学习等技术。这些计算机技术应用于材料科学中，能够加速材料的研发，帮助理解材料的物理、化学机理。对于集成电路相关半导体新材料的发现及材料的优化设计，机器学习具有很好的辅助作用。同时，机器学习算法对于光刻胶等难以解释各个参数之间机理特征的工艺材料，也可以从信息科学的角度，给出可能具有较好性能的预测模型指导实验和工艺合成。然而，机器学习大多数需要基于一定的数据样本进行研究，而小样本的机器学习方法目前的可拓展性还有待考究。

使用机器学习进行材料探索的一般过程如图 2-28 所示。发现新材料的机器学习系统包括两个部分，即学习系统和预测系统。学习系统执行数据清理、特征选择及模型训练和测试的操作。预测系统将从学习系统中获得的模型应用于成分和结构预测。预测系统最终通过成分推荐和结构推荐来选择候选结构，并使用密度泛函理论来比较候选结构的相对稳定性[110]。

共享和可重复的材料数据是推进材料科学发展的关键。材料数据集和数据分析工具的互操作性是实施材料基因组技术的关键要素。在复杂材料数据的前提下，材料基因组的目标是快速准确地预测材料的各种特性并发现新材料。机器学习方法已朝着这一目标迈出了关键的一步，并且充当中间环节的桥梁。它使用数据来帮助人们发现、设计和优化新材料，最终构成材料数据分析工具[107]。

近年来，使用机器学习发现和设计的材料已受到越来越多的关注，并且在时间效率和预测准确性方面取得了很大的改进[111]。在该领域研究方面，Voyles 使用机器学习算法来提高材料微观数据的质量并从中提取材料信息[112]；Raccuglia 等人使用 SVM 算法来分析从失败的实验中收集的数据，预测进行未经测试的反应的可行性[113]；Wicker 等人使用带有 RBF 核的 SVM 算法来预测分子材料的结晶度[114]；Rupp 发现将量子力学与机器学习结合可以提高量子力学的准确性[115]；Stanev 等人提出机器学习模型可以模拟超导体的临界温度[116]；Artrith 等人利用人工神经网络实现了对 TiO_2 不同晶相的模拟[117]；尹万健等人采用符号回归算法加速发现了新的钙钛矿材料[118]；张统一等人采用随机森林、符号回归等算法建立了一个描述金属玻璃的弹性模量性质的预测模型[119]。机器学习算法的预测能力还反映在材料特性的许多方面，如烧结密度、原子化能、带隙和相变。

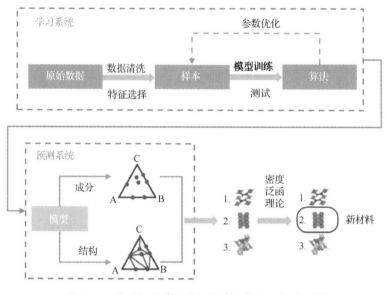

图 2-28　使用机器学习进行材料探索的一般过程[110]

目前，可用于材料领域的机器学习的数据规模仍然很小，无法通过机器学习对材料属性和材料探索进行严格的预测。预测结果通常仅接近真实数据的概率值，尚不能真正有效地用于实验指导。数据集的规模仍然是影响模型预测准确性的主要因素。

参考文献

[1] Subcommittee of the Materials Genome Initiative. Materials Genome Initiative of Global Competitiveness[R/OL].（2011-6）[2020-12-20]. https://www.mgi.gov.

[2] 汪洪，向勇，项晓东，等. 材料基因组——材料研发新模式[J]. 科技导报，2015（10）：15-21.

[3] MARTIN L G, ICHIRO T, JASON R H, et al. Applications of high throughput（combinatorial）methodologies to electronic, magnetic, optical, and energy-related materials[J]. Journal of Applied Physics，2013，113（23）：231101.

[4] MILLER N C, SHIRN G A, SONG B S, et al. Co-sputtered Au-SiO$_2$ Cermet Films[J]. Applied Physics Letters，1967，10：86.

[5] HANAK J J, GITTLEMAN J I, PELLICANE J P, et al. The Effect of Grain Size on the Superconducting Transition Temperature of the Transition Metals[J]. Physics Letters A，1969，30（3）：201.

[6] HANAK J J. The "Multiple-Sample Concept" in Materials Research: Synthesis, Compositional Analysis and Testing of Entire Multicomponent Systems[J]. Journal of Materials Science，1970，5（11）：964-971.

[7] XIANG X D, TAKEUCHI I. Combinatorial Materials Synthesis[M]. New York: Marcel Dekker Inc，2003.

[8] XIANG X D, SUN X, BRICEÑO G, et al. A Combinatorial Approach to Materials Discovery[J]. Science，1995，268（5218）：1738-1740.

[9] POTYRAILO R, AJAN K, STOEWE K, et al. Combinatorial and high-throughput screening of materials libraries: review of state of the art[J]. ACS Combinatorial Science，2011，13（6）：579-633.

[10] SENKAN S M. Combinatorial Heterogeneous Catalysis: A New Path in an Old Field[J]. Angewandte Chemie International Edition，2001，40（2）：312-329.

[11] SENKAN S M. High-throughput Screening of Solid-State Catalyst Libraries[J]. Nature，1998，394（6691）：350-353.

[12] WANG J，YOO Y，GAO C，et al. Identification of a Blue Photoluminescent Composite Materials from a Combinatorial Library[J]. Science，1998，279（5357）：1712-1714.

[13] ZHAO J C，JACKSON M R，PELUSO L A，et al. A Diffusion Multiple Approach for the Accelerated Design of Structural Materials[J]. MRS Bulletin，2002，27（4），324-329.

[14] LI J，DUEWER F，GAO C，et al. Electro-optic Measurement of the Ferroelectric-paraelectric Boundary in $Ba_{1-x}Sr_xTiO_3$ Materials Chips[J]. Applied Physics Letters，2000，76（6）：769-771.

[15] KAU D，TANG S，KARPOV I V，et al. A Stackable Cross Point Phase Change Memory[C]. 2009 IEEE International Electron Devices Meeting，2009.

[16] 亚申科技. 亚申高通量实验设备加速您的创新[R/OL]. [2020-12-20]. http://www.yashen-ht.com.

[17] EID J，LIANG H，GEREIGE I，et al. Combinatorial Study of NaF Addition in CIGSe Films for High Efficiency Solar Cells[J]. Progress in Photovoltaics：Research and Applications，2015，23（3）：269-280.

[18] 集成电路材料研究院. 集成电路材料基因组创新体系[EB/OL]. [2020-12-20]. http://www.sicm.com.cn/?pages_77/.

[19] Subcommittee of the Materials Genome Initiative. The U.S. Materials Genome Initiative[R/OL]. （2011-6）[2020-12-20]. https://www.mgi.gov/content/mgi-infographic.

[20] European Commission. Key enabling technologies[R/OL]. [2020-12-20]. https://ec.europa.eu/info/research-and-innovation/research-area/industrial-research-and-innovation/key-enabling-technologies_en.

[21] European Commission. Accelerated Metallurgy-the accelerated discovery of alloy formulations using combinatorial principles[R/OL]. [2020-12-20]. https://cordis.europa.eu/project/id/263206.

[22] 日本科学技术厅. Material Research by Information Integration Initiative：MI2I[R/OL]. [2020-12-20]. https://www.nims.go.jp/MII-I.

[23] 张明. 中外专家交流切磋材料基因组科学技术的战略思想及关键问题——材料基因组科学技术论坛侧记[J]. 中国材料进展，2015，34（010）：732-733.

[24] 林海，郑家新，林原，等. 材料基因组技术在新能源材料领域应用进展[J]. 储能科学与技术，2017，6（5）：180-189.

[25] MCCLUSKEY P J，VLASSAK J J. Combinatorial Nanocalorimetry[J]. Journal of Materials Research，2011，25（11）：2086-2100.

[26] LIU Y H，PADMANABHAN J，CHEUNG B，et al. Combinatorial Development of Antibacterial Zr-Cu-Al-Ag Thin Film Metallic Glasses[J]. Scientific Reports，2016，6：26950.

[27] CHANG H，GAO C，TAKEUCHI Y，et al. Combinatorial Synthesis and High Throughput Evaluation of Ferroelectric/Dielectric Thin-Film Libraries for Microwave Applications[J]. Applied Physics Letters，1998，72（17）：2185-2187.

[28] COOPER J S，ZHANG G H，MCGINN P J. Plasma Sputtering System for Deposition of Thin Film Combinatorial Libraries[J]. Review of Scientific Instruments，2005，76：062221.

[29] MAO S S. High Throughput Growth and Characterization of Thin Film Materials[J]. Journal of Crystal Growth，2013，379：123-130.

[30] 项晓东. 原位实时高通量组合材料实验技术[C]. 2014新材料国际发展趋势高层论坛，2014.

[31] PASCAL. Mobile Combi-Laser MBE[R/OL]. [2020-12-20]. http://www.pascal-co-ltd.co.jp/products/deppld_mcpld.html.

[32] LEDERMAN D，VIER D C，MENDOZA D，et al. Detection of New Superconductors Using Phase-Spread Alloy-Films[J]. Applied Physics Letters，1995，66（26）：3677-3679.

[33] KNIGGE B，HOFFMANN A，LEDERMAN D，et al. Search for New Superconductors in the Y-Ni-B-C System[J]. Journal of Applied Physics，1997，81（5）：2291-2295.

[34] PESSAUD S，GERVAIS F，CHAMPEAUX C，et al. Combinatorial Solid State Chemistry by Multitarget Laser Ablation：A Way for the Elaboration of New Superconducting Cuprates Thin Films[J]. Materials Science and Engineering B-Solid State Materials for Advanced Technology，1999，60（3）：205-211.

[35] LOGVENOV G，SVEKLO I，BOZOVIC I. Combinatorial Molecular Beam Epitaxy of $La_{2-x}Sr_xCuO_{4+\delta}$[J]. Physica C：Superconductivity and Its Applications，2007，460：416-419.

[36] WONG-NG W，OTANI M，LEVIN I，et al. A Phase Relation Study of Ba-Y-Cu-O Coated-Conductor Films Using the Combinatorial Approach[J]. Applied Physics Letters，2009，94（17）：171910.

[37] SAADAT M, GEORGE A E, HEWITT K C. Densely Mapping the Phase Diagram of Cuprate Superconductors Using a Spatial Composition Spread Approach[J]. Physica C: Superconductivity and Its Applications, 2010, 470: S59-S61.

[38] SUN X D, WANG K A, YOO Y, et al. Solution-Phase Synthesis of Luminescent Materials Libraries[J]. Advanced Materials, 1997, 9 (13): 1046-1049.

[39] WANG J, YOO Y, GAO C, et al. Identification of A Blue Photoluminescent Composite Material from A Combinatorial Library[J]. Science, 1998, 279 (5357): 1712-1714.

[40] SUN X D, XIANG X D. New Phosphor $(Gd_{2-x}Zn_x)O_{3-\delta}$: Eu^{3+} with High Luminescent Efficiency and Superior Chromaticity[J]. Applied Physics Letters, 1998, 72 (5): 525-527.

[41] HAN S M, SHAH R, BANERJEE R, et al. Combinatorial Studies of Mechanical Properties of Ti-Al Thin Films Using Nanoindentation[J]. Acta Materialia, 2005, 53 (7): 2059-2067.

[42] LAI S. Current Status of the Phase Change Memory and Its Future[C]. 49th IEEE International Electron Device Meeting, 2003.

[43] Wong H S P. Phase Change Memory[J]. Proceedings of the IEEE, 2010, 98 (12): 2201-2227.

[44] ZHAO J C, XU Y, HARTMANN H. Measurement of an Iso-curie Temperature Line of a CoCrMo Solid Solution by Magnetic Force Microscopy Imaging on a Diffusion Multiple[J]. Advanced Engineering Materials, 2012, 15 (5): 321-324.

[45] ZHU L L, QI H Y, JIANG L, et al. Experimental determination of the Ni-Cr-Ru phase diagram and thermodynamic reassessments of the Cr-Ru and Ni-Cr-Ru systems[J]. Intermetallics, 2015, 64: 86.

[46] GOLL D, LOEFFLER R, HERBST J, et al. Novel Permanent Magnets by High-throughput Experiments[J]. The Journal of The Minerals, Metals & Materials Society, 2015, 67 (6): 136-1343.

[47] SPRINGER H, RAABE D. Rapid Alloy Prototyping: Compositional and Thermos-Mechanical High Throughput Bulk Combinatorial Design of Structural Materials Based on the Example of 30Mn-1.2C-xAl triplex steels[J]. Acta Meterialia, 2012, 60: 4950-4959.

[48] 李静媛,张源,李建兴,等. 一种高通量制备多组分梯度金属材料的装置: 201610267117.5[P]. 2018-08-03.

[49] 沈阳科晶自动化设备公司. 金属材料高通量制备系统[R/OL]. [2020-12-20]. http://www.

sykejing.com/products_list/pmcId=222.html.

[50] CHEN L, BAO J, GAO C, et al. Combinatorial Synthesis of Insoluble Oxide Library from Ultrafine/ Nano Particle Suspension Using a Drop-on Demand Inkjet Delivery System[J]. Journal of Combinatorial Chemistry, 2004, 6 (5): 699-702.

[51] 中国科学院上海硅酸盐研究所. 扫描式多喷头喷墨液相合成系统示意图[R/OL]. [2020-12-20]. http://www.skl.sic.cas.cn/yjly/nyhj/lq/gzjz/.

[52] GAO C, BAO J, LUO Z L, et al. Recent Progresses in the Combinatorial Materials Science[J]. Acta Physico-Chimica Sinica, 2006, 22 (7): 899-912.

[53] DING D, LI X, LAI S Y, et al. Enhancing SOFC Cathode Performance by Surface Modification Through Infiltration[J]. Energy & Environmental Science, 2014, 7 (2): 552-575.

[54] 麦振洪. 同步辐射发展六十年[J]. 科学, 2013, 065 (006): 16-21.

[55] LIANG S S, HUANG M, WANG Y, et al. The Influence of Sc Substitution on the Crystal Structure and Scintillation Properties of LuBO$_3$: Ce^{3+} Based on a Combinatorial Materials Chip and High-Throughput XRD[J]. Journal of Materials Chemistry C, 2021, 9 (27): 8666-8673.

[56] XIANG X D. High Throuphput Synthesis and Screening for Functional Materials[J]. Applied Surface Science, 2004, 223 (1-3): 54-61.

[57] 王海舟, 余兴, 沈学静, 等. 材料组织结构大尺寸高通量定量表征三维重构设备和方法: 201910192461.6[P]. 2019-06-14.

[58] MCCLUSKEY P J, VLASSAK J J. Combinatorial Nanocalorimetry[J]. Journal of Materials Research, 2011, 25 (11): 2086-2100.

[59] LEE D, SIM G, XIAO K, et al. Scanning AC Nanocalorimetry Study of Zr/B Reactive Multilayers[J]. Journal of Applied Physics, 2013, 114 (21): 214902.

[60] GREGOIRE J M, MCCLUSKEY P J, DARREN D, et al. Combining Combinatorial Nanocalorimetry and X-ray Diffraction Techniques to Study the Effects of Composition and Quench Rate on Au-Cu-Si Metallic Glasses[J]. Scripta Materialia, 2012, 66 (3-4): 178-181.

[61] HUXTABLE S, CAHILL D G, FAUCONNIER V, et al. Thermal Conductivity Imaging at Micrometre-scale Resolution for Combinatorial Studies of Materials[J]. Nature Materials, 2004, 3 (5): 298-301.

[62] Advanced Mesurement Technology. VersaSCAN 微区扫描电化学工作站[R/OL]. [2020-12-

20]. http://www.par-solartron.com.cn/productshow_12.html.

[63] MARTIN Y, WICKRAMASINGHE H K. Magnetic Imaging by "Force Microscopy" with 1000 Å Resolution[J]. Applied Physics Letters, 1987, 50 (20): 1455.

[64] ZHAO J C, XU Y, HARTMANN H. Measurement of an Iso-curie Temperature Line of a CoCrMo Solid Solution by Magnetic Force Microscopy Imaging on a Diffusion Multiple[J]. Advanced Engineering Materials, 2012, 15 (5): 321-324.

[65] ORAL A, BENDING S J, HENINI M. Scanning Hall Probe Microscopy of Superconductors and Magnetic Materials[J]. Applied Physics Letters, 1996, 69 (9): 1202.

[66] SILVA T J, SCHULTZ S. A Scanning Near-field Optical Microscope for the Imaging of Magnetic Domains in Reflection[J]. Review of Science Instruments, 1996, 67 (3): 715.

[67] FLEET E F, CHATRAPHORN S, WELLSTOOD F C, et al. Closed-cycle Refrigerator Cooled Scanning SQUID Microscope for Room-temperature Samples[J]. Review of Science Instruments, 2001, 72 (8): 3281.

[68] PATHAK S, SHAFFER J, KALIDINDI S R. Determination of an Effective Zero-point and Extraction of Indentation Stress-strain Curves Without the Continuous Stiffness Measurement Signal[J]. Scripta Materialia, 2009, 60 (6): 439-442.

[69] KALIDINDI S R, PATHAK S. Determination of the Effective Zero-point and the Extraction of Spherical Nanoindentation Stress-strain Curves[J]. Acta Materialia, 2008, 56 (14): 3523-3532.

[70] TAKEUCHI I, YANG W, CHANG K S, et al. Monolithic Multichannel Ultraviolet Detector Arrays and Continuous Phase Evolution in $Mg_xZn_{1-x}O$ Composition Spreads[J]. Journal of Applied Physics, 2003, 94 (11): 7336.

[71] REEVES W H, SKRYABIN D V, BIANCALANA F, et al. Transformation and Control of Ultra-short Pulses in Dispersion-engineered Photonic Crystal Fibres[J]. Nature, 2003, 424 (6948): 511-515.

[72] CHEN C M, LIU X Q, LI M Q. Combinatorial Ion Synthesis and Ion Beam Analysis of Materials Libraries[M]. Boca Raton: CRC Press, 2003.

[73] KUBOTA H, TAKAHASHI R, KIM T W, et al. Combinatorial Synthesis and Luminescent Characteristics of $RECa_4O(BO_3)_3$ Epitaxial Thin Films[J]. Applied Surface Science, 2004, 223 (1): 241-244.

[74] 赵信刚. 高通量材料计算方法的开发及其应用于半导体光电材料的优化设计研究[D]. 吉林：吉林大学，2017.

[75] JAIN A，HAUTIER G，MOORE C J，et al. A high-throughput infrastructure for density functional theory calculations[J]. Computational Materials ence，2011，50（8）：2295-2310.

[76] 凌仕刚, 高健, 褚赓, 等. 高通量计算在锂电池材料筛选中的应用[J]. 中国材料进展，2015，34（004）：272-281.

[77] KANG B，CEDER G. Battery materials for ultrafast charging and discharging[J]. Nature，2009，458（7235）：190-193.

[78] 刘利民. 材料基因工程：材料设计与模拟[J]. 新型工业化，2015，5（12）：71-88.

[79] 施思齐，徐积维，崔艳华，等. 多尺度材料计算方法[J]. 科技导报，2015，33（10）：20-30.

[80] LANDAU L D，LIFSHITZ E M. Course of theoretical physics，volume 5：Statistical physics third edition[M]. Oxford：Pergamon Press，1981.

[81] HUGHES T J R. The finite element method：Linear static and dynamic finite element analysis[M]. New York：Prentice-Hall，1987.

[82] CURTAROLO S，HART G L W，NARDELLI M B，et al. The high-throughput highway to computational materials design[J]. Nature Materials，2013，12（3）：191-201.

[83] IBM. CPMD[R/OL]. [2020-12-20]. https://www.cpmd.org/wordpress/.

[84] KAUFMAN L，COHEN M. The martensitic transformation in the iron-nickel system[J]. Minerals Metals Materials，1956，206：1393-1401.

[85] 卓柏呈，李培杰，宋立博. 基于高通量计算的成形过程分析[J]. 精密成形工程，2019，11（2）：1-8.

[86] 杨小渝，任杰，王娟，等. 基于材料基因组计划的计算和数据方法[J]. 科技导报，2016（24）：62-67.

[87] 杨小渝，林海青，王娟，等. 支撑材料基因工程的高通量材料集成计算平台[J]. 计算物理，2017，34（006）：697-704.

[88] 汪洪，项晓东，张澜庭. 数据+人工智能是材料基因工程的核心[J]. 科技导报，2018，36（14）：15-21.

[89] JAIN A, ONG S P, HAUTIER G, et al. Commentary: The Materials Project: A materials genome approach to accelerating materials innovation[J]. APL Materials, 2013, 1(1): 011002.

[90] SAAL J E, KIRKLIN S, AYKOL M, et al. Materials Design and Discovery with High-Throughput Density Functional Theory: The Open Quantum Materials Database (OQMD)[J]. JOM, 2013, 65: 1501.

[91] BHAT T N, BARTOLO L M, KATTNER U R, et al. Strategy for Extensible, Evolving Terminology for the Materials Genome Initiative Efforts[J]. JOM, 2015, 67: 1866-1875.

[92] U.S. Department of Commerce. NIST Materials Data Repository[R/OL]. [2020-12-20]. https://materialsdata.nist.gov/.

[93] U.S. Department of Energy. NREL MatDB[R/OL]. [2020-12-20]. http://materials.nrel.gov.

[94] CURTAROLO S, SETYAWAN W, WANG S, et al. AFLOWLIB.ORG: A distributed materials properties repository from high-throughput ab initio calculations[J]. Comput. Mater. Sci, 2012, 8: 227.

[95] NOMAD Centre of Excellence. Novel Materials Discovery (NoMaD) repository[R/OL]. [2020-12-20]. http://nomad-repository.eu/cms/.

[96] ASM International. Computational Materials Data Network[R/OL]. [2020-12-20]. http://www.asminternational.org/web/cmdnetwork.

[97] Citrine Informatics. Citrination platform[R/OL]. [2020-12-20]. http://citrination.com.

[98] PIZZI G, CEPELLOTTI A, SABATINI R, et al. AiiDA: Automated Interactive Infrastructure and Database for Computational Science[J]. Computational Materials Science, 2016, 111: 218-230.

[99] European Organization for Nuclear Research. Zenodo[R/OL]. [2020-12-20]. https://www.zenodo.org.

[100] University of California Curation Center. Dryad[R/OL]. [2020-12-20]. https://datadryad.org/stash/.

[101] Figshare LLP. Figshare[R/OL]. [2020-12-20]. https://figshare.com.

[102] The Institute for Quantitative Social Science. Dataverse[R/OL]. [2020-12-20]. http://dataverse.org.

[103] Department of Energy. PRISMS[R/OL]. [2020-12-20]. http://www.prisms-center.org/.

[104] U.S. Department of Energy. Materials Commons 2.0[R/OL]. [2020-12-20]. https://materialscommons.org.

[105] National Institute of Standards and Technology. Workshop Artificial Intelligence for Materials Science（AIMS）[R/OL]. [2020-12-20]. https://www.nist.gov/news-events/events/2018/08/workshop-artificial-intelligence-materials-science-aims.

[106] JORDAN M I，MITCHELL T M. Machine learning：Trends，perspectives，and prospects[J]. Science，2015，349（6245）：255-260.

[107] LIU Y，NIU C，WANG Z，et al. Machine learning in materials genome initiative：A review[J]. Journal of Materials Science and Technology，2020，57：113-122.

[108] LU W，XIAO R，YANG J，et al. Data mining-aided materials discovery and optimization[J]. Journal of Materiomics，2017，3（3）：191-201.

[109] LEE J，SEKO A，SHITARA K，et al. Prediction model of band gap for inorganic compounds by combination of density functional theory calculations and machine learning techniques[J]. Physical Review B，2016，93（11）：115104.1-115104.12.

[110] LIU Y，ZHAO T，JU W，et al. Materials discovery and design using machine learning[J]. Journal of Materiomics，2017，3（3）：159-177.

[111] LOGAN W，CHRIS W. Atomistic calculations and materials informatics：A review[J]. Current Opinion in Solid State & Materials Science，2017，21（3）：167-176.

[112] PAUL M V. Informatics and data science in materials microscopy[J]. Current Opinion in Solid State & Materials Science，2017，21（3）：141-158.

[113] RACCUGLIA P，ELBERT K C，ADLER P D F，et al. Machine-learning-assisted materials discovery using failed experiments[J]. Nature，2016，533（7601）：73-76.

[114] WICKER J G P，COOPER R I . Will it crystallise? Predicting crystallinity of molecular materials[J]. Crystengcomm，2015，17：1927-1934.

[115] RUPP M. Machine learning for quantum mechanics in a nutshell[J]. International Journal of Quantum Chemistry，2015，115（16）：1058-1073.

[116] STANEV V，OSES C，KUSNE A G，et al. Machine learning modeling of superconducting critical temperature[J]. NPJ Computational Materials，2018，29：4.

[117] ARTRITH N，URBAN A. An implementation of artificial neural-network potentials for atomistic

materials simulations: Performance for TiO_2[J]. Computational Materials Science,2016,114:135-150.

[118] WENG B,SONG Z,ZHU R,et al. Simple descriptor derived from symbolic regression accelerating the discovery of new perovskite catalysts[J]. Nature Communications,2020,11:3513.

[119] XIONG J,SHI S,ZHANG T. A machine-learning approach to predicting and understanding the properties of amorphous metallic alloys[J]. Materials & Design,2020,187:108378.

第 3 章

材料基因组技术在集成电路材料研发中的应用进展及前景

材料对集成电路产业的支撑作用日益凸显，技术发展日趋复杂，因此对研发集成电路材料的成本、周期、效率提出了更高的要求。材料基因组新型研发模式结合材料高通量实验、材料高通量计算和数据挖掘，可以提高集成电路材料研发、筛选、优化和应用的速度，大幅降低开发成本及缩短开发周期。发展至今，材料基因组的理念已经应用到集成电路材料的开发中，在一定程度上推动了逻辑器件和存储器件等领域新材料的发现。面向未来，在自动化技术、高通量跨尺度计算、人工智能技术飞跃发展的推动下，材料基因组技术的内涵不断丰富、功能不断强化，通过与集成电路技术结合，将在信息功能材料的研发中起到更重要、更广泛的作用，也将应用到先进工艺材料的研发中。本章将介绍几类典型集成电路材料的应用领域、特点、研发进展及趋势，并分析材料基因组技术在集成电路材料发展进程中的应用情况及发展前景。

3.1 功能材料的研发进展及材料基因组技术的应用情况

本节将重点介绍新型存储材料,射频压电材料,高 k 介质材料及铁电、铁磁和多铁材料。

3.1.1 新型存储材料

传统的基于 CMOS 工艺的缓存(SRAM)和主存(DRAM)因需要持续通电来保存数据,其面临的功耗瓶颈日渐凸显,CMOS 工艺技术升级及后续的发展都将变得更加艰难[1]。解决该问题的一个有效途径是构建新型非易失性存储器,在不通电的情况下也能保存数据,并能减少漏电流和静态功耗,而且非易失性存储器可通过后道工艺直接集成于 CMOS 电路上[2],减小互连延迟。在目前诸多的非易失性存储器中,闪存(Flash)的技术最为成熟[3],但闪存因写入速度慢(毫秒级)、可擦写次数有限(约为 10^5)等缺点而无法达到缓存和主存的性能要求。本节主要研究可用于非易失性存储器的新型存储材料,包括 MRAM 材料[4]、RRAM 材料[5]、PCRAM 材料[6]。主流存储器与新型非易失性存储器的性能对比如表 3-1 所示。

表 3-1 主流存储器与新型非易失性存储器的性能对比[7]

性能	主流存储器				新型非易失性存储器		
	SRAM	DRAM	Flash		MRAM	PCRAM	RRAM
			NOR	NAND			
单元面积	>100F^2	6F^2	10F^2	<4F^2(3D)	6~20F^2	4~20F^2	<4F^2(3D)
位数	1	1	2	3	1	2	2

续表

性能	主流存储器				新型非易失性存储器		
	SRAM	DRAM	Flash		MRAM	PCRAM	RRAM
			NOR	NAND			
电压	<1V	<1V	>10V	>10V	<2V	<3V	<3V
读时间	≈1ns	≈10ns	≈50ns	≈10μs	<10ns	<10ns	<10ns
写时间	≈1ns	≈10ns	10μs~1ms	100μs~1ms	<5ns	≈50ns	<10ns
保持性	N/A	≈64ms	>10y	>10y	>10y	>10y	>10y
写循环	>10^{16}次	>10^{16}次	>10^5次	>10^4次	>10^{15}次	>10^9次	10^6~10^{12}次
写能量	≈1fJ	≈10fJ	≈100pJ	≈10fJ	≈0.1pJ	≈10pJ	≈0.1pJ

适用于这些新型非易失性存储器的材料具有不同的材料特性，本节首先简要介绍新型存储器原理，其次介绍各种新型存储材料的研发现状，同时梳理材料基因组技术在新型存储材料中的研发现状及前景。

1. MRAM 材料

MRAM 即磁存储器，它以磁性材料作为存储介质，利用其磁化方向来记录数据，只要没有外部磁场的干扰，磁化方向一般不会改变，因此在断电后 MRAM 的数据不会丢失，是一种非易失性存储器。与传统 Flash 相比，MRAM 具有读写速度快、循环次数多、可靠性强、数据保持时间长、抗辐照等特点。此外，MRAM 几乎没有静态能耗[8]，这使得 MRAM 在 CPU 缓存[9]、嵌入式存储器[10]、汽车电子[11]、航空航天等领域具有巨大的潜力。包括英特尔、三星、格罗方德和台积电在内的众多集成电路公司已经证明了 MRAM 作为嵌入式非易失性存储器的可行性[12]。

MRAM 早在 20 世纪 70 年代就被提出，最早采用各向异性磁阻（AMR）效应构建存储单元，但这一效应较弱，不具有实用性。1988 年，科学家发现了 GMR，MRAM 才成为可能[13]。1991 年，Miyazaki 团队首次在室温下发现了隧穿磁阻（TMR）效应[14]，TMR 是 GMR 的更新技术，在使用 TMR 后，MRAM 的芯片密度、读取速度都有了提升，目前的 MRAM 也都是基于 GMR 工作的[15]。

最初于 $Fe/Al_2O_3/Fe$ 多层薄膜结构中发现 TMR[16]，这种铁磁层/绝缘层/铁磁层结构被称为磁隧道结（MTJ），如图 3-1（a）（b）所示。磁隧道结下层铁磁层的磁化方向固定，称为固定磁层；上层铁磁层的磁化方向可变，称为自由磁层；中间绝缘层（阻挡层）的厚度一般小于 2nm，电子可以从一个铁磁层隧穿到另一个铁磁层，隧穿电流的大小受两个铁磁层的相对磁化方向控制。图 3-1（c）所示为磁隧道结的工作原理，由于量子力学的交换作用，铁磁金属的能带发生劈裂，其中自旋方向向上和向下的电子分别占据不同的能带，当磁化方向平行时，多数电子可以从一个电极的主要占据态隧穿到另一侧的主要占据态，磁隧道结呈现低阻态；当磁化方向相反时，电子难以隧穿，磁隧道结呈现高阻态[17]。利用这一效应，通过测量磁隧道结的电阻就能推断自由磁层的磁化方向，进而读取数据。

磁隧道结是 MRAM 存储信息的关键单元，其性能（开关比、翻转电流、功耗等）与材料有着很大的关系，最简单的磁隧道结由三层薄膜——自由磁层/阻挡层/固定磁层构成，其中自由磁层和固定磁层主要采用铁磁材料，阻挡层以氧化物为主。下面首先介绍不同的势垒材料，其次介绍自由磁层和固定磁层使用的材料。

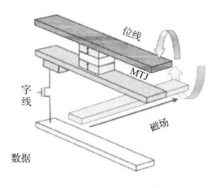

(a) MRAM 中的磁隧道结[18]

图 3-1　MRAM 的构造和原理

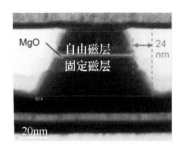

（b）磁隧道结的 TEM 图像[13]

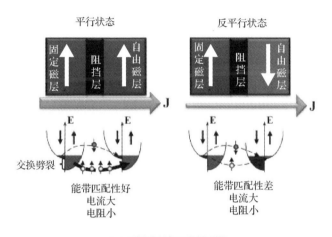

（c）磁隧道结的工作原理[17]

图 3-1　MRAM 的构造和原理（续）

阻挡层中的势垒对电子隧穿有直接的影响，能够决定磁隧道结的开关比，通常用 TMR ratio 表示，TMR ratio $= (R_{ap} - R_p)/R_p$，其中 R_{ap} 和 R_p 分别对应自由磁层与固定磁层两层磁化方向反平行和平行时的电阻，TMR ration 的值越大，MRAM 的读出性能越好。1991 年，日本东北大学的 Miyazaki 团队首次用热氧化的 Al_2O_3 作为阻挡层，制作了 $NiFe/Al-Al_2O_3/Co$ 多层膜结构的磁隧道结，并在室温下测得 TMR ratio 为 2.7%[14]。1994 年，Miyazaki 团队再次制作了 $Fe-Al_2O_3-Fe$ 结构的磁隧道结进行实验，在室温下得到的 TMR ratio 高达 18%[18]，但仍低于预期值。同年，麻省理工学院的 Moodera 等人制作了 $CoFe-Al_2O_3-Co$ 结构的磁隧道结，在室温下得到了 11.8% 的 TMR ratio[19]。之后的一段时间内，磁隧道结阻挡层材料的选

择主要以非晶 Al_2O_3 为主[20,21]，在后来的研究中发现，使用非晶 Al_2O_3 的磁隧道结的 TMR ratio 最高可超过 70%[22]。

若想进一步增强磁隧道结的 TMR，就需要寻找具有更高自旋电子隧穿率的介质材料。2001 年，Butler 和 Mathon 等人首次通过第一性原理计算，预测通过外延生长的 Fe/MgO/Fe 结构的 TMR ratio 可以超过 1000%[23,24]，这是磁隧道结材料研究的重大突破。产生这种现象的原因在于两者的隧穿机制不同，非晶 Al_2O_3 基于非相干隧穿，而晶态 MgO 则基于相干隧穿，存在自旋过滤效应，使不同自旋方向的电子在隧穿时遇到的势垒不同，导致 TMR ratio 增大。使用非晶 AlO 和 MgO 作为阻挡层的磁隧道结的 TMR ratio 值如图 3-2 所示。2001 年之后，开始出现以晶态 MgO 作为阻挡层的磁隧道结，并且 TMR ratio 逐年增加，到 2005 年已经超过了非晶 AlO 的记录，在低温 5K 时 TMR ratio 能达到 1100%，常温下 TMR ratio 也能达到 604%[24]。目前，MgO 仍然是理想的阻挡层材料。

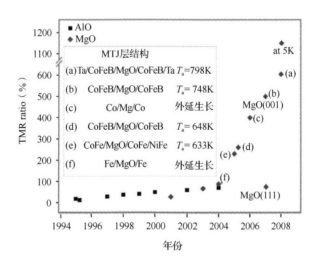

图 3-2 使用非晶 AlO 和 MgO 作为阻挡层的磁隧道结的 TMR ratio 值[25]
（T_a=退火温度）

自由磁层一般采用软磁材料，这种材料的矫顽力较小，磁化方向容易改变。而固定磁层则需要保持磁化方向，可以采用与自由磁层相同的软磁材料，其磁化方向通过钉扎层来固定。自由磁层作为存储介质，必须具有良好的热稳定性，以满足10年的数据存储要求。此外，自由磁层的阻尼和磁极化率对 MRAM 的写入特性有重要影响。通过自旋转移矩写入数据，只有当转矩足够大时，自由磁层的磁矩才会发生变化，实现转矩所需的临界电流密度 $J_c = (\alpha/\eta)\left(\dfrac{2e}{h}\right)M_s t H_k + 2\pi M_s$，其中 M_s 是饱和磁化强度；t 是薄膜厚度；α 是 Gilbert 阻尼系数，表示磁化松弛到平衡位置的速率；η 为 STT 效率，与注入电流的自旋极化有关。

选用高自旋极化率（TSP）的铁磁材料是制备高性能磁隧道结的关键。常用的电极材料包括单质铁磁金属材料、具有高自旋极化率的铁磁金属合金材料、具有高自旋极化率的半金属电极材料。合适的单质铁磁金属材料包括 Fe、Co、Ni 等，其外层为 3d 和 4s 电子。由于自旋交换相互作用，d 电子自旋向上的子带与自旋向下的子带发生相对位移使其态密度不相等，两子带的占据电子之差与磁矩成正比，s 电子成为自由电子。一般铁磁性金属的传导电子极化率为 30%～50%，研究人员对铁磁材料进行了长期的优化，表 3-2 列出了利用 Meservey-Tedrow 测定的 Fe、Ni、Co 单质铁磁金属及铁磁金属合金的自旋极化率。

表 3-2　利用 Meservey-Tedrow 测定的 Fe、Ni、Co 单质铁磁金属及铁磁金属合金的自旋极化率[26]

材　料	Ni	Co	Fe	$Ni_{80}Fe_{20}$	$Co_{50}Fe_{50}$	$Co_{84}Fe_{16}$	$Ni_{40}Fe_{60}$	$Ni_{60}Fe_{40}$
TSP（%）	46	42	44	48	55	55	55	53

通过对铁磁材料的不断优化，目前常用的材料已从传统的 Fe、Co、Ni 单质铁磁金属材料发展为具有更高自旋极化率的多晶 NiFe 和 CoFe 合金材料及非晶 CoFeB 合金材料。其中，非晶 CoFeB 合金材料在 AlO 势垒和 MgO 势垒的磁隧道结中有着独特的性能，可以获得高自旋极化率值。2017 年，Lee 等人发布了基于 CoFeB 自由磁层的双 MgO 势垒的磁隧道结结构，在 400℃ 条件下得到了高达 150% 的自旋极化率值和较低的临界电流密度 J_c（约为 $1\times10^2\,\text{mA/cm}^2$）[27]。

磁隧道结中常用的电极材料包括具有高自旋极化率的半金属电极材料。半金属电极材料在费米能级处只存在一种自旋方向的电子，该电子在费米能级具有100%的自旋极化率[28]。Co 基的 Heusler 合金（Co_2YZ，其中 Y 是一种过渡金属元素，Z 是一种主族元素）可能存在较高的居里温度[29]，有的甚至超过室温，这对其在器件中的应用至关重要，而且 Heusler 合金与 MgO 晶格的失配度很小，在磁隧道结的研究中占据了一个重要的位置[30]，常用的半金属电极材料包括 Co_2MnSi、Co_2MnGe 等[31]。

材料基因组技术在发现 MRAM 材料方面有一定的应用。部分团队利用高通量实验对 MRAM 材料展开研究[32-34]。在薄膜沉积方面，Svedberg 等人利用多靶共溅射技术梯度制备了不同厚度和组分的掺杂 CoCr 的磁性层薄膜，并研究了沉积工艺对材料磁性的影响规律[35]；García-García 等人利用高通量组合 PLD 技术制备了 Fe/MgO 多层薄膜组合材料库，并比较了不同薄膜厚度对磁隧道结开关比的影响[36]；Jepu 等人使用真空电弧炉（TVA）沉积了不同组分的 Fe-Co 铁磁薄膜[37]。在薄膜表征方面，磁光克尔效应（MOKE）可用于表征铁磁材料的磁滞回线，进而获得饱和磁感应强度等参数，该方法是一种光学方法，适合在高通量实验中进行无损表征[35]。

材料计算避免了实验过程中的不可控因素，为寻找适用于 MRAM 的材料提供了一条新的途径。在 MRAM 中，电极的自旋极化率是制备高性能磁隧道结的关键。在所有的电极材料中，半金属电极材料具有最高的自旋极化率，是理想的电极选择。然而，半金属电极材料种类繁多、成分复杂，而且从实验中获得自旋极化率较为困难[38]，因此，大量的研究试图通过理论计算寻找可能的材料组成[39,40]。

Butler 等人研究了三类三元 Heusler 合金，包括 270 种全 Heusler 合金、378 种半 Heusler 合金、405 种反向 Heusler 合金。三种 Heusler 合金类别如图 3-3 所示[41]。在研究过程中利用第一性原理电子结构技术计算了 1000 多种合金的电子结构、磁结构及形成能（ΔH）。其中一个重要的研究发现是不同的半金属合金材料能够堆叠并仍然保持半金属特性。计算结果表明，当不同的半金属 Heusler 合金沿着（001）（110）（111）方向堆叠时，其层叠系统通常也是半金属，这意味着无数种半金属 Heusler 结构可用于自旋电子中，如作为 MRAM 磁隧道结中的电极材料。该研究团队最新研究的可适用于 MRAM 的半金属电极材料为 Fe_2TiSb，即具有 Fe 空位有序亚晶格结构的 Fe_2TiSb。

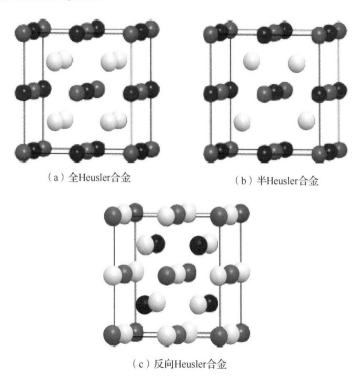

（a）全Heusler合金　　（b）半Heusler合金

（c）反向Heusler合金

图 3-3　三种 Heusler 合金类别[41]

数据驱动型材料基因组模式借助机器学习方法，从现有的材料数据库和科技文献中挖掘材料属性和结构等信息，建立知识图谱，通过与材料高通量计算技术结合，为发现新材料提供依据。这种新型研究方法已经用于新型 MRAM 材料的研发。Hu 等人将机器学习与第一性原理计算结合，对近 65 000 种 Heusler 合金的晶格常数（ΔE）、形成能、自旋极化率进行了预测，并从 10 577 种候选材料中筛选了 6 种有前景的半金属材料[42]。图 3-4 所示为模型训练和寻找高自旋极化率

Heusler 合金的流程图。训练第一个和第二个模型的数据来自 OQMD 数据库,第一个模型用于预测 Heusler 合金的晶格常数,第二个模型用于预测 Heusler 合金的形成能。训练第三个模型的数据来自高通量计算,用于预测 Heusler 合金的自旋极化率。

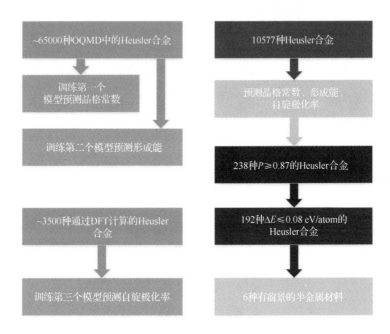

图 3-4 模型训练和寻找高自旋极化率 Heusler 合金的流程图[42]

在这项工作中,研究人员仅关注成分组成为 A_2BC 的三元化合物,包含图 3-5 中的全 Heusler 合金和反向 Heusler 合金两种结构。研究人员首先通过设置 A、B、C 位原子,一共得到了 10 577 种候选材料。然后从 OQMD 数据库中收集了近 65 000 种 Heusler 合金数据,并通过第一性原理计算,得到了约 3500 种 Heusler 合金的自旋极化率,将其作为训练集。最终,通过机器学习,将组成具有高自旋极化率的 A_2BC Heusler 合金的所有可能的原子展示在如图 3-6 所示的元素周期表中[43]。

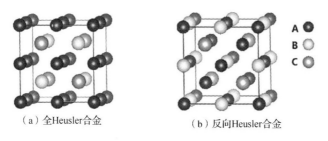

(a) 全Heusler合金　　　　　(b) 反向Heusler合金

图 3-5　Heusler 合金结构[42]

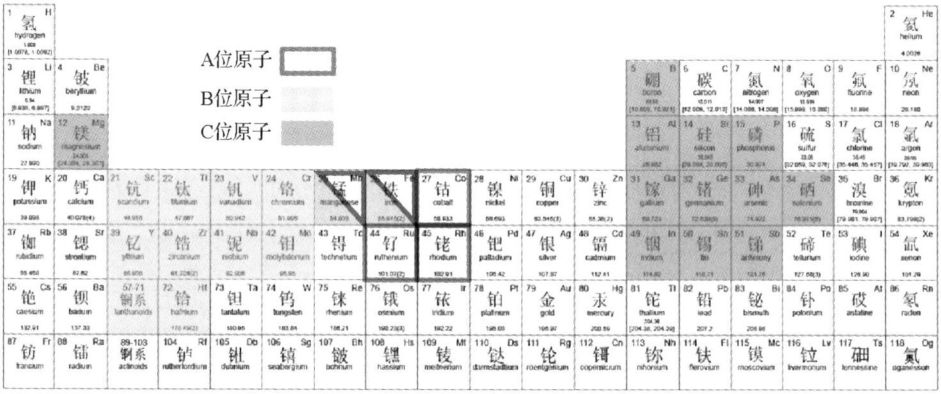

图 3-6　DNN 模型预测的元素周期表中高自旋极化物质的组分分布
（A 位原子多为 Mn、Fe、Co、Ru、Rh，而 B 位原子多为早期过渡金属原子）[42]

当前，基于 MgO 的 MRAM 已经实现工业量产，以 Everspin、三星等为代表的公司已经能够批量供应 MRAM，芯片容量覆盖 128KB～1GB，这些存储芯片主要应用于工业、航空航天、车用、能源与物联网等领域。MRAM 产业化扩大的瓶颈在于其复杂的堆叠工艺和对材料性能的高要求。在工艺方面，制造磁隧道结单元需要沉积许多层金属和绝缘层，首先使用沉积系统在底部电极上形成材料的多层堆叠，然后必须对每一层进行精确的控制和测量。此外制造 MRAM 要用到的 CoFe 和 CoFeB 磁性层不易与等离子气体形成挥发性化合物，难以蚀刻，这意味着 MRAM 的蚀刻步骤也是极具挑战性的。在材料方面，仍然可能通过寻找新的势垒或磁性电极材料，获得磁电阻比值更高、磁电性能更好的磁隧道结。例如，近来简式为 AB_2O_4 的尖晶石氧化物由于具有丰富的磁电特性，而且与常用铁磁金属电极材料 Fe、Co、CoFeB 合金和半金属 Heusler 合金之间有较小的晶格失配度（<1%）而受到关注。材料基因组技术已经用于 MRAM 材料的研发，未来仍可通过高通量实验与高通量计算优化 MRAM 的薄膜与蚀刻工艺，研发高自旋极化率的磁性材料，从而获得磁电阻比值更高、磁电性能更好的磁隧道结，从而实现存储容量更大、读写速度更快、更稳定的 MRAM。

2. RRAM 材料

RRAM 即可变电阻式存储器，通常为三层结构，分别为顶电极（Top Electrode，TE）、电介质层（Insulator）和底电极（Bottom Electrode，BE）（见图 3-7），其中顶电极和底电极通常为金属和金属化合物，中间的电介质层有众多的材料体系。RRAM 的电阻转变特性指的是 RRAM 在特定的外加电信号作用下，电阻值会在（至少）两个稳定的阻态间发生切换，当撤去外加电信号后，当前的电阻状态能够保持不变。根据使 RRAM 发生电阻转变的电压极性，可以将 RRAM 分为单极性（Unipolar）和双极性（Bipolar）两类。RRAM 电阻转变特性曲线如图 3-8 所示。

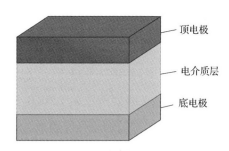

图 3-7　典型的 RRAM 结构示意图[44]

RRAM 的电阻转变特性与选用的电极材料、绝缘层材料的种类密切相关。不同种类功能材料的电阻转变机理各有不同，而使用不同类型电极材料的同种功能材料也可能表现出不同的电阻转变行为。目前，研究人员在越来越多的材料体系中发现了电阻转变特性，然而其电阻转变特性背后的物理机制还存在争议。目前 RRAM 主要分为两种类型：一种是根据氧空穴组成的导电细丝型 RRAM，另一种是由金属离子组成的导电桥型 RRAM，通常称为 CBRAM（Conductive Bridge RAM）[46]。下面分别介绍 RRAM 的电介质层的绝缘材料和电极材料的研究进展。

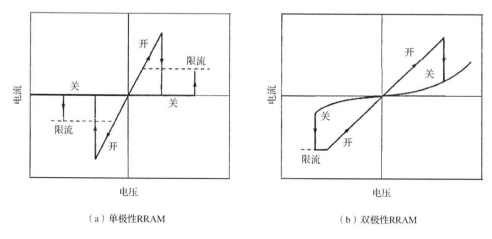

（a）单极性RRAM　　　　　　　　（b）双极性RRAM

图 3-8　RRAM 电阻转变特性曲线[45]

RRAM 的物理模型是惠普实验室在 2008 年通过将 TiO_2 作为绝缘层实现的，但早在 1962 年，Hickmott 首先提出了 $Al/Al_2O_3/Al$ 结构存在滞回的电流-电压特性，证明了在外加电场作用下器件可实现阻变开关操作[47]，随后更多的二元氧化物材料，如 NiO[48]、SiO_x[49]、NbO_x[50]和 TiO_2[51]，被证实具有阻变开关效应。对磁阻材料[52]、钙钛矿[53,54]等材料非线性阻变现象的持续报道，吸引了人们对 RRAM 材料的研究兴趣。RRAM 的功能层材料根据材料种类可分为无机材料和有机材料，无机材料有金属氧化物、钙钛矿结构复合化合物、硫族化合物和氮化物几种主要类型。一般来说，相比于有机材料，无机材料在开关稳定性、制造复杂程度和成本方面更具优势。

表 3-3 列出了 RRAM 主要的电介质层绝缘材料体系。其中有机材料的种类繁多，虽然一些材料有着明显的优势，如开关速度快、开关电流小，以及可实现柔性等，目前的研究集中在以金属有机骨架（MOF）与其他材料复合作为活性层方面，但是总体来看有机材料的均匀性较差、各器件参数的波动性较大。基于二维材料的器件最显著的优势包括较快的开关速度、低功率损耗、低阈值电压，以及

最有特征性的可实现柔性。但二维材料和有机材料大多通过化学方法制成，使用溅射等集成电路工艺仍较难制备这些材料。钙钛矿材料仍处于实验室研究阶段，其与 CMOS 的兼容性较差，还难以实现规模量产。氧化物是发现最早的一类具有阻变性能的材料，具有制备简单、容易控制等优点，围绕氧化物材料的研究最多，特别是 HfO_x、TiO_2、ZrO_x 等介质材料，但氧化物天然存在氧空位较难控制的问题，因此有许多研究在金属-电介质-金属的结构上增加其他功能层来增强控制，减小器件的随机性。硫系化合物及固态电介质由于快离子导体特性吸引了研究人员的注意，是未来制备高密度、高均一度 RRAM 的候选材料。以下对这几类材料体系的研究进展进行较系统的总结介绍。

表 3-3　RRAM 主要的电介质层绝缘材料体系

材料体系	主要材料	主要机制
二元氧化物	HfO_x、TaO_x、ZrO_x、TiO_2、ZnO、WO_x、AlO_x	导电细丝模型（基于氧空穴）
	SiO_2、部分金属氧化物	
固态电介质	Ag_2S、CuS、GeS_2、GeSe	导电细丝模型（基于金属离子）
	AlN、Si_3N_4	
钙钛矿材料	BTO、STO、BFO、$ReAMnO_3$、ABX_3	导电细丝模型
二维材料	Graphene、MoS_2、BN	界面电子效应
有机材料	芳香烃、杂环化合物、聚合物（PVDF）	电子效应

金属氧化物是重要的 RRAM 电介质层材料，已经发现大量二元金属氧化物表现出电阻切换行为，它们大多数是过渡金属氧化物，有一些是镧系金属氧化物。图 3-9 所示为具有电阻转换效应的二元氧化物元素分布图。在众多的氧化物中，TiO_x、HfO_x、AlO_x、TaO_x 和 ZrO_x 等材料受到广泛的关注[55,56]。值得注意的是，在各种金属氧化物中，CuO_x 和 WO_x 可以通过 Cu 或钨塞（W Plug）制程附加氧化过程来制造，与常规 CMOS 工艺兼容。

TiO_x 是较早被研究的 RRAM 材料之一，2008 年惠普实验室 Strukov 等人采用 TiO_x 材料制备了具有捏滞回线的 RRAM，并提出其电阻转变机理为带正电的氧空位迁移导致富氧区域与缺氧区域之间界面的移动[58]。2010 年，Kwon 等人通过高分辨率扫描隧道显微镜技术成功观测到 TiO_2 材料中的价态变化[59]。图 3-10（a）

所示为 Pt/TiO$_2$/Pt 结构器件在低阻态时高分辨率的透射电镜（HRTEM）图像，可以明显看到导电丝的形成区域。通过如图 3-10（b）～（e）所示的各种验证方法，可以确定导电丝由（002）晶向的 Magneli 相 Ti$_4$O$_7$ 构成。

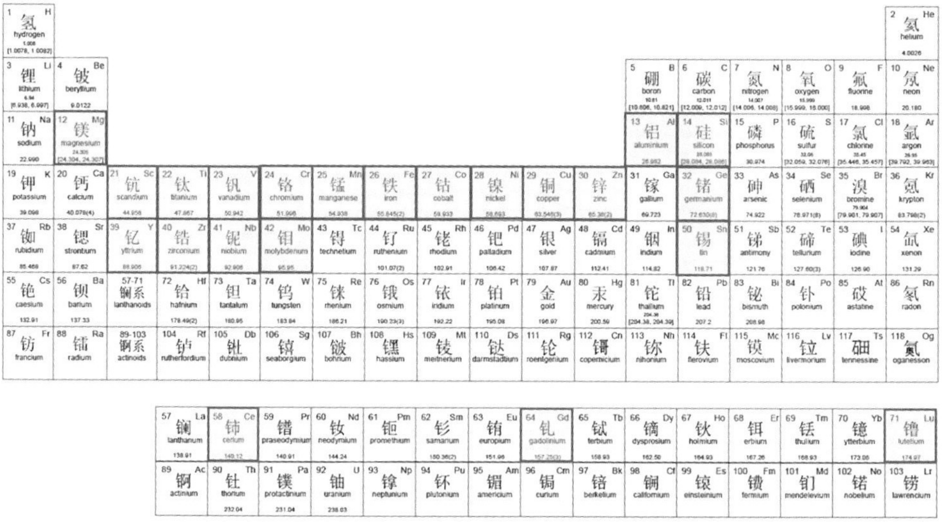

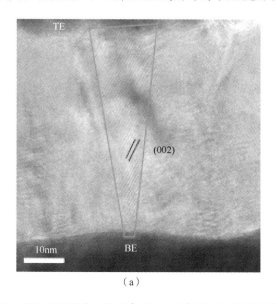

图 3-9 具有电阻转换效应的二元氧化物元素分布图（以灰色方框标出）[57]

图 3-10 TiO$_2$ 忆阻器件功能层中 Magneli 相 Ti$_4$O$_7$ 的 TEM 观测[59]

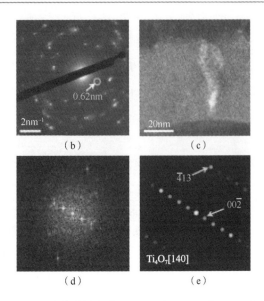

图 3-10　TiO_2 忆阻器件功能层中 Magneli 相 Ti_4O_7 的 TEM 观测[59]（续）

HfO_x 是典型的高 k 介质材料，当其存在较高浓度的缺陷时，能表现出良好的电阻转变特性。基于 HfO_x 材料的 RRAM 常采用 TiN/HfO_x/Pt 结构，其中 TiN 电极起到了储氧作用，RRAM 表现出双极型开关行为。2017 年，清华大学团队采用 TiN/TaO_x/HfO_2/TiN 结构在 1KB 的 RRAM 阵列上实现了人脸识别功能[60]，如图 3-11 所示。

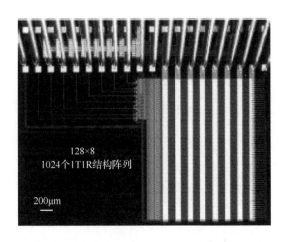

图 3-11　采用 TiN/TaO_x/HfO_2/TiN 结构在 1KB 的 RRAM 阵列上实现人脸识别功能[60]

AlO$_x$ 也是一种常用的 RRAM 材料。由于其带隙较大（约 8.9eV），AlO$_x$ 基 RRAM 具有较小的复位电流，能够有效地抑制存储阵列的泄漏电流，从而有利于存储器件单元大规模阵列的实现。2011 年，Yu 等人采用双层结构的 HfO$_x$/AlO$_x$ 器件，获得了比单层 HfO$_x$ 器件更好的开关一致性。双层 HfO$_x$/AlO$_x$ 器件与单层 HfO$_x$ 器件的性能对比如图 3-12 所示[61]。最新研究表明，可以利用双层的电介质结构更好地控制电子隧穿或离子扩散速率[62]。德国基尔技术大学团队研究了基于 Al$_2$O$_3$/Nb$_x$O$_y$ 的 RRAM 结构。在这种 RRAM 结构中，非晶态的 Al$_2$O$_3$ 作为隧穿势垒层，Nb$_x$O$_y$ 作为离子导电体。氧离子空位被限制在 Nb$_x$O$_y$ 层中，电子隧穿被限制在 Al$_2$O$_3$ 层中，最终形成了平缓的界面转换。采用该新型结构的 RRAM 能够逐步增加或降低器件的电导率，还能够改善器件的数据保留能力，这些特性对于高密度随机存储器和神经形态混合信号电路非常重要。

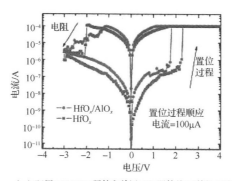

（a）双层 HfO$_x$/AlO$_x$ 器件和单层 HfO$_x$ 器件的 I-V 特性曲线

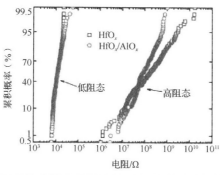

（b）对应的低阻态和高阻态在 200 个直流扫描周期下的分布

图 3-12 双层 HfO$_x$/AlO$_x$ 器件与单层 HfO$_x$ 器件的性能对比[61]

TaO$_x$ 材料由于良好的开关耐受力受到了研究人员较多的关注。如图 3-13 所示，通过 XPS 测试表明，TaO$_x$ 通常由导电性良好的 TaO$_2$ 相和绝缘性良好的 Ta$_2$O$_5$ 相组成，氧浓度在两相之间的转变可以导致开关效应。在脉冲开关的耐受力方面，Wei 等人[63]达到了 10^9 次循环，Yang 等人达到了 10^{10} 次循环[64]，Lee 等人达到了 10^{12} 次循环[65]。高的擦写次数可以使 RRAM 满足嵌入式应用的要求，并且有可能改变分级存储器体系。

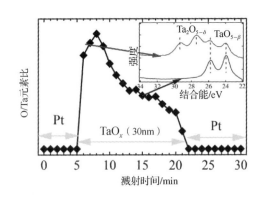

图 3-13 O-Ta 比例的 XPS 深度分析谱图[63]
（插图分别为靠近阳极和位于内部的 TaO$_x$ 材料的 XPS 图谱）

由于 Cu 在先进集成电路互连工艺中的广泛应用，其氧化物 Cu$_x$O（$1<x<2$）在集成方面具有明显的优势。制备 Cu$_x$O 基 RRAM 不会引入污染性元素，成本低廉，与传统 CMOS 工艺完全兼容，因此相关 RRAM 的报道也较多。华中科技大学缪向水团队在 TiW/Cu$_2$O/Cu 结构的 RRAM 中，将 Cu$_2$O 材料的缺陷特性与阻变行为联系起来，在高阻态（HRS）状态下 Cu/Cu$_2$O 界面处的肖特基势垒效应和剩余导电细丝中的电子跃迁效应共同主导了导电过程，在低阻态（LRS）状态下导电细丝中的电子运输由 Mott 变程跃迁主导[66]，如图 3-14 所示。

金属 W 是铝布线标准 CMOS 工艺后端制程中普遍采用的材料，使用 WO$_x$ 作为阻变材料可以与现有的 CMOS 工艺很好地兼容。起初，WO$_x$ 阻变材料普遍存在初始电阻低、初始电压高的问题，不利于器件的大规模、高密度集成。因此，如何提高器件的初始阻值、降低功耗是 WO$_x$ 阻变存储研究的关键点之一。Lai 等人[67]采用热氧化钨塞方法制备了 TiN/WO$_x$/W 结构存储单元。基于 TiN/WO$_x$/W 结构的 RRAM 与制备工艺流程如图 3-15 所示。其具有开关速度快（2ns）、操作电压低（1.4V）、可擦写次数高（10^8）等优势和多值存储能力。

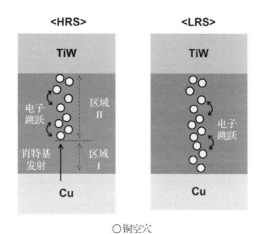

图 3-14 基于 TiW/Cu$_2$O/Cu 结构的 RRAM 在 HRS 和 LRS 状态下的导电机理[66]

表 3-4 所列为基于不同金属氧化物的 RRAM 的主要器件特性和工作机制。从表 3-4 中可以发现，基于金属氧化物的 RRAM 趋向于在电介质结构中采用异质结。在异质结的结构中使用两种不同的电介质材料来控制电子隧穿速率或离子扩散速率，从而改变器件的电阻。

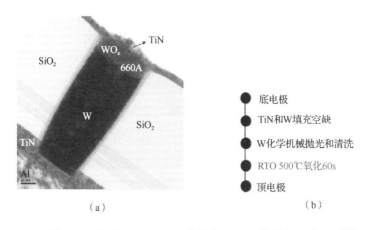

图 3-15 基于 TiN/WO$_x$/W 结构的 RRAM 与制备工艺流程[67]

表 3-4 基于不同金属氧化物的 RRAM 的主要器件特性和工作机制

结 构	器件厚度/nm	阻变机制	开关电阻比
TiN/HfO$_x$/AlO$_x$/Pt	HfO$_x$: 5; AlO$_x$: 5	导电细丝	>10^3
TiN/SiO$_x$/TaO$_x$/Pt	TaO$_x$: 25	导电细丝	—
Ag/HfO$_x$/Pt	HfO$_x$: 10	导电细丝	>10^3
TaN/HfO$_x$/Pt	HfO$_x$: 10	导电细丝	>10^2
TiN/HfO$_2$/TiN	HfO$_2$: 6	导电细丝	—
TiN/HfO$_2$/Ti/TiN	HfO$_2$: 6; Ti: 15	导电细丝	—
Al/ZnO/Ta$_2$O$_5$/ITO	ZnO: 40	界面效应	10^5～10^6
W/TaO$_x$/Pt	TaO$_x$: 80	导电细丝	～10^2
Al/WO$_x$/Cu	WO$_x$: 50	导电细丝	～10^4

钙钛矿材料是与钙钛矿 CaTiO$_3$ 结构相同的一大类化合物的总称，钙钛矿材料可以用 ABO$_3$ 表示。钙钛矿材料具有自发极化的现象，在外加电场的作用下，材料的极化方向会沿外电场方向发生变化。不同的极化方向显示不同的电学特性，因此，钙钛矿材料能够在外加电场的作用下对外展示连续可变的电阻，可作为 RRAM 材料。

2000 年，Beck 等人报道了掺杂 Cr 的 SrZrO$_3$ 薄膜中的阻变现象，并提出了将其作为下一代非易失性存储器的可行性。此后，越来越多的钙钛矿型氧化物电阻转变材料被提出和研究，如 SrTiO$_3$、Pr$_{0.7}$Ca$_{0.3}$MnO$_3$ 和 Na$_{0.5}$Bi$_{0.5}$TiO$_3$ 等[68]。钙钛矿氧化物中掺杂元素可以获得更好的阻变性能。在许多掺杂元素的钙钛矿氧化物薄膜中观察到可重复的电阻转换行为，如掺杂 Cr 的 SrZrO$_3$（SZO：Cr）、掺杂 Cr 的 SrTiO$_3$（STO：Cr）、掺杂 Nb 的 SrTiO$_3$（STO：Nb）和掺杂 V 的 SrZrO$_3$（SZO：V）薄膜。近年来，卤化物钙钛矿材料在光伏领域的卓越表现使其在钙钛矿材料的研究中备受关注，基于卤化物钙钛矿材料的高性能 RRAM 不断涌现。然而卤化物钙钛矿与传统 CMOS 工艺的兼容性问题尚待解决，导致此类材料在 RRAM 领域较难推广。

固态电解质材料因其晶体中的缺陷或特殊结构，为离子提供了快速迁移的通道，因此又被称为快离子导体。如今一大批固态电解质材料被用于 RRAM 的研究，包括氧化物、硫系化合物[69]、Cu/Ag 的化合物、有机材料和 a-Si 等。

基于固态电解质材料的 RRAM 通常被称为电化学金属化 RRAM 或导电桥型 RRAM，其电阻转变机制与导电丝在固态电解质层中的形成与断裂有关。该过程包括金属离子的输运和氧化还原反应。由固态电解质构成的 RRAM 器件单元通常包括 Ag、Cu 等电化学活性较高的电极，由固态电解质构成的中间功能层以及 Pt、Au 和 W 等惰性电极。

RRAM 使用固态电解质材料最突出的研究是美光和索尼公司在 2014 年基于 CuTe 材料使用 27nm CMOS 工艺制造了容量为 16GB 的存储芯片[70]。比利时根特大学团队利用材料基因组高通量实验的技术，研究了 Ag_xTe_{1-x} 的性能，发现 Te 含量为 33%～38%是 Ag-Te 体系用作 RRAM 材料中间层的理想比例[71]。在非晶态 GeSe 的材料体系中，用 Cu_2GeTe_3 代替纯铜电极，使得预形成电流减小；同时，通过在铜合金和锗硅层之间增加钽缓冲层来解决低电阻值保持性降低的问题[72]。以上提到的研究中间层材料性能或者通过合金替换活性电极都可以通过材料高通量实验来进行研究，可以加快研发进程。

二维材料在 RRAM 中的主要应用包括将石墨烯作为金属电极以及将以二硫化钼（MoS_2）为代表的二维过渡金属硫族化合物作为电介质层[73,74]。石墨烯拥有良好的导电性、超高的结构稳定性和化学稳定性，用它来作为 RRAM 的电极，可以有效地避免电介质层中的离子穿入或穿出电极，是代替传统金属电极的重要候选者。研究人员在 $Ag/ZrO_2/Pt$、$Cu/HfO_2/Pt$ 和 $Ag/SiO_2/Pt$ 等结构的 RRAM 中都观察到了由于随机因素导致离子迁移穿入电极材料而使器件失效的情况，而用石墨烯代替金属电极能够有效地将器件中的离子控制在电介质层中。基于石墨烯电极的器件不仅可以与基于金属电极的器件一样快速擦写，而且拥有更高的循环擦写次数、更好的阻态稳定性和更长的状态维持时间。对于二维过渡金属硫族化合物来说，它们大多是半导体，并不适合作为电极，但可以作为 RRAM 中的电介质层。在石墨烯/硫氧化钼/石墨烯异质结构的 RRAM 中，利用二维材料定向转移的工艺,将石墨烯、硫氧化钼、石墨烯堆叠在一起形成范德瓦耳斯异质结,其材料界面具有原子级平整度,高质量的界面是基于传统氧化物材料的 RRAM 所无法实现的[75]。

在二维材料领域,南京大学团队利用二维层状硫氧化钼(氧化二硫化钼)及石墨烯构成三明治结构的范德瓦耳斯异质结,首次实现了基于全二维材料的、可耐受超高温和强应力的高鲁棒性 RRAM[76]。测试结果显示这种基于全二维材料的异质结能够实现非常稳定的开关,可擦写次数超过千万次($>10^7$),擦写速度小于 100ns,并且拥有较好的稳定性。该结构的 RRAM 能够在高达 340℃的温度下稳定工作并且保持良好的开关性能,创造了当时 RRAM 工作温度的新纪录,此前发表的最高纪录为 200℃[76]。

将有机材料用于 RRAM 中,也能够在电压的作用下实现阻态的高低可逆转变,成本低廉、结构和制备工艺简单、柔韧性高。有机材料的种类繁多,引起了越来越多的研究人员的兴趣,到目前为止,已有许多种有机材料可以实现电阻转变。这类有机功能层材料主要包括有机小分子材料、聚合物材料、施主-受主混合物、有机基体内的纳米颗粒体系、分子陷阱掺杂的有机基体等。

有机材料具有较好的柔韧性、透明性等,在可穿戴电子器件的研究中备受关注。由有机材料制备的 RRAM 在近几年迅速发展,包括聚合物材料(如 PEDOT:PSS、聚苯乙烯、聚对二甲苯等)和天然生物材料(如鸡蛋蛋白、蚕丝蛋白等)[77-79]。但有机材料有其自身的问题,要想在实际应用中得以使用,器件擦写速度、数据保存时间、开关比、器件功耗及稳定性等性能还有待提升,并且其阻变机理还需要继续探索和阐述。

电极材料也对 RRAM 的性能有着至关重要的影响。选择电极材料的主要考虑因素包括材料稳定性、电极与功能层材料的接触界面、电导率、功函数等。Seo 等人在研究 NiO 的电阻转变特性时认为:当顶电极(Pt、Au)与 NiO 之间形成欧姆接触时,可以实现电阻的转变;当顶电极为 Ti 时,Ti 与 NiO 接触形成肖特基接触,在相同的电压下无法实现电阻的转变[80];当顶电极与功能层材料之间形成欧姆接触时，器件的操作电压较低；当顶电极与功能层材料之间形成肖特基接触时，需要在较高的电压下才可能实现电阻转变。目前使用较多的电极材料主要有贵重金属 Pt、Ag、Pd，CMOS 工艺中常用的金属 W、Ti、Al、Cu，金属氧化物 ITO、IZO、YBCO、LaAlO$_3$、SrRuO$_3$ 及多晶硅材料[81]。

当前，器件的均一性是限制 RRAM 实现大阵列、高密度集成的主要因素。到目前为止，已经发展了多种方法来改善器件性能，如电极材料合金化、电介质层材料元素掺杂和在电介质层中插入功能层等。因此可以应用材料基因组技术，通过高通量实验的方法快速获得大量材料组合的器件性能，加快 RRAM 材料的研究进程。

2007 年，Kenta 等人通过材料组合实验方法对不同的 RRAM 电极材料进行了研究，在 Pr$_{0.7}$Ca$_{0.3}$MnO$_3$（PCMO）层上制备了几种类型的金属电极并对不同电极组成器件的 I-V 特性曲线进行了表征，如图 3-16（a）所示[82]。使用材料组合的实验方法确保了不同电极材料大量组合电阻切换效果的快速筛选。他们在 10mm×10mm 的 PCMO 外延薄膜上制作了直径为 0.2mm 的 Mg、Ag、Al、Ti、Au、Ni 和 Pt 电极［见图 3-16（b）］，并将不同电极组合进行了高通量电学表征，以选定 PCMO 材料体系合适的电极材料。在以 PCMO 为电介质层材料的 RRAM 中，只有 Al 电极显示了电阻切换现象，并且通过四探针测量结果中开关转换的消失表明，开关过程发生在 Al 电极和 PCMO 膜的界面附近。

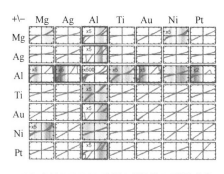
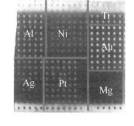

（a）金属 1/PCMO/金属 2 结构的 I-V 特性曲线　　（b）PCMO 外延薄膜上的电极阵列的照片

图 3-16　通过材料组合实验方法研究不同 RRAM 电极材料的影响[82]

Devulder 研究了二元 Ag-Te 薄膜及其在 RRAM 中作为阳离子供应层的特性。使用高通量溅射镀膜沉积了组分随位置渐变的 Ag_xTe_{1-x}（$0<x<1$）薄膜，研究了经过热处理后薄膜的结晶度、表面形态和材料稳定性随材料成分的变化。通过 XRD 表征（见图 3-17），筛选出的 Te 含量为 33%～38%的薄膜具有良好的表面形貌和较好的稳定性，适合作为 RRAM 中的阳离子供应层。随后制备了 $Pt/Ag_{2-\delta}Te/Al_2O_3/Si$ 的 RRAM 器件单元研究其开关性能，并将其与具有纯 Ag 阳离子供应层的电极进行了比较。与纯 Ag 相比，Ag-Te 薄膜提升了器件的循环性能，Ag-Te 薄膜良好的离子导电特性可以将阳离子有效地从开关层中提取出来，再回到供应层，提升了 RRAM 的循环性能[71]。

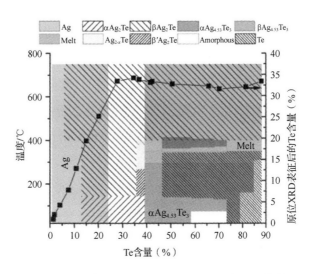

图 3-17　XRD 表征的不同 Ag_xTe_{1-x} 组分的相位分布[71]

在固态电介质材料中，氮化铜是一种还未被广泛研究的简单的二元亚稳态氮化物半导体，可作为 RRAM 的电介质层材料。Caskey 利用反应溅射高通量组合方法，通过调整溅射靶枪和衬底的角度，进行薄膜成分梯度沉积，得到不同衬底温度和靶衬间距对氮化铜薄膜生长质量和相纯度的影响规律，并分析了氮化铜薄膜的电学性能（见图 3-18），发现通过将衬底温度提高到 170～220℃，氮化铜薄膜的电导率将提高 10～1000 倍，出现的杂相可能是导致薄膜电导率变化的主要原因[83]。此外，Kumbhare 使用双靶共溅组合镀膜技术获得了不同组分的 $Hf_xAl_{1-x}O$ 薄膜，研究了氧化物厚度、氧化物成分（Hf/Al 比）和吸氧层厚度对 RRAM 电阻转变性能的影响。氧化物厚度主要影响形成电压，氧化物成分主要影响开关阻值比和电阻状态的可变性，而与单独的二元氧化物相比，三元氧化物的置位电压的可变性明显提高[84]。

在材料设计方面，随着 RRAM 使用的材料达到了纳米级甚至单层膜阶段，基于第一性原理计算和分子动力学等的模拟仿真是设计 RRAM 的强大工具，并通过将高通量思想应用到材料计算方法中，实现 RRAM 材料特性的计算和快速筛选。

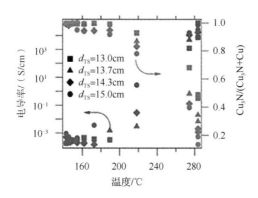

图 3-18 氮化铜薄膜的电学性能和相纯度[83]

在第一性原理计算方面，Guo 研究了几种典型氧化物材料的电阻转变过程的能量，包括形成能和氧空位的扩散势垒。图 3-19 所示为 HfO_2 和 Ta_2O_5 材料中氧空位形成能与氧化学势的关系。通过采用在电极和氧化物之间插入金属层，调节氧化学势来改变氧空位形成能，插入层可由图 3-19 中的金属制成。该项研究对通过改变氧化物中产生氧空位的数量来优化 RRAM 的性能具有一定的意义[85]。

另外，Guo 计算了掺杂元素对 $SrZrO_3$（SZO）材料中氧空位扩散的影响[86]。掺杂不同元素的 SZO 材料的氧空位扩散势垒的变化如图 3-20 所示。研究发现掺杂元素能够显著改变氧空位在 SZO 材料中扩散的能量势垒，并且掺杂 Y 和 V 两种元素的影响更为显著。

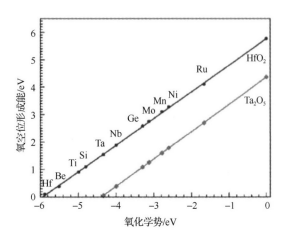

图 3-19 HfO$_2$ 和 Ta$_2$O$_5$ 材料中氧空位形成能与氧化学势的关系[85]

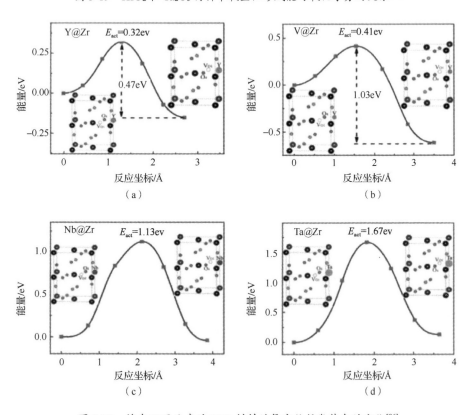

图 3-20 掺杂不同元素的 SZO 材料的氧空位扩散势垒的变化[86]

此外，Jia 通过第一性原理计算解释了使用非晶 GeS 制备的 RRAM 的高电流密度和高开关电阻比。高电流密度与 Ge 和 S 间较强的共价作用相关，而高开关电阻比可能是中间能隙陷阱辅助电子跃迁及在高电势下 Ge-Ge 原子链伸长引起的局部增强的键排列协同作用造成的[87]。在电场的作用下，Ge 原子对及 Ge 原子链发生明显的结构变化 [见图 3-21（a）（b）]，通过改变 Ge 原子的局部配位状态，体现态密度分布上的差异 [见图 3-21（c）（d）]，使得开态电阻和关态电阻差异巨大。此研究通过第一性原理计算为非晶的硫族化物的组态转变提供了重要见解。

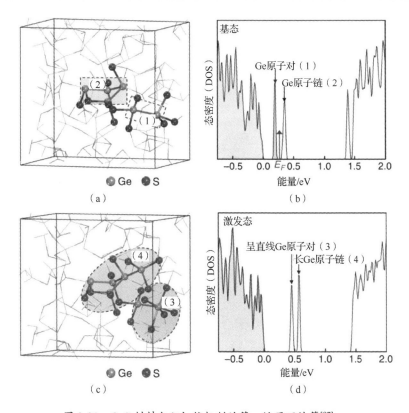

图 3-21　GeS 材料电阻切换机制的第一性原理计算[87]

第一性原理计算能够准确、快速地计算 RRAM 所用材料的相关性质，并且可以通过指定相关材料特性筛选出能够应用在 RRAM 中的新材料。然而，第一性原理计算也存在局限性，如计算的尺度太小、无法模拟整个器件等。分子动力学可以在更大尺度上进行模拟，也得到了一些 RRAM 的特性。

Onofrio 等人使用分子动力学通过对电荷的分析模拟了 Cu 导电细丝在 SiO_2 中形成和断裂的过程。在图 3-22 中可以看到阻变过程中导电细丝原子级的变化，其中 Cu 电极在细丝的形成过程中起关键作用。他们发现在电阻转换过程中会形成单原子链构成的导电细丝，而这些导电细丝的亚稳态寿命小于 1ns，并且由于离子的聚集而形成的小的金属簇对于稳定的导电细丝的形成是必要的[88]。

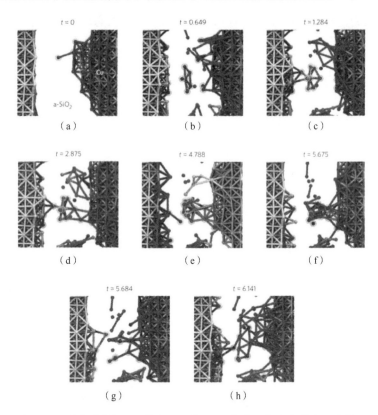

图 3-22　使用分子动力学模拟 Cu 导电细丝在 SiO_2 中的形成和断裂过程（单位：ns）[88]

综上可知，RRAM 的材料体系众多，阻变机理还处于理论假设阶段，器件的性能稳定性和一致性差且工艺集成及模拟阻变特性优化问题仍待解决。材料基因组技术在电极材料、介质材料筛选及机理研究方面已经显现出技术优势，未来对深入洞悉 RRAM 机理，筛选存储性能好、单元一致性高的新型存储器材料将起到更重要的作用。

3. PCRAM 材料

PCRAM 即相变存储器，是根据材料的相变特性研发的一种非易失性存储器。目前，PCRAM 主要以硫族化合物为存储介质，PCRAM 材料的特点是晶态和非晶态之间有明显的电阻差异，PCRAM 便是利用这一特点来存储数据的。

经历了数十年的发展，相变存储技术已经逐渐走向成熟，PCRAM 具有可微缩、循环寿命长、读取速度快、抗辐射等优点，被认为是最有潜力的下一代非挥发性存储技术[89]。目前，相关产品已进入市场，其中最具代表性的是英特尔和美光基于 3D-XPoint 结构的 Optane™ 存储器（见图 3-23），这款存储器发布于 2015 年，使用相变材料 $Ge_1Sb_2Te_4$ 作为存储介质[90]，容量高达 128GB，速度比 NAND 闪存快 1000 倍[91]，Optane™ 存储器的问世宣布相变存储技术正式进入商业化。近年来，PCRAM 得益于低延迟和高可靠性，在新型应用方面，特别是存内计算和类脑计算领域也有显著的进展[92-94]，二者也被认为是突破传统计算机"冯•诺依曼架构"的可行方案。最近，IBM 用一百万个相变存储单元搭建了一个存内计算芯片[95]，此外，基于 PCRAM 的人造神经元也得到了验证[96]。

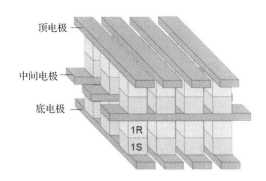

图 3-23　3D-Xpoint 结构示意图及 SEM 截面图像[97]

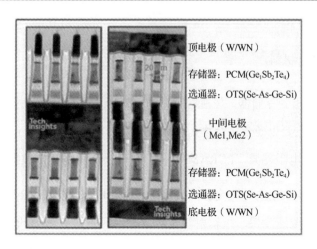

图 3-23　3D-Xpoint 结构示意图及 SEM 截面图像[97]（续）

PCRAM 的基本工作原理如图 3-24 所示[98]。相变材料具有结晶态和非晶态，两种相在电阻上差异很大。一般而言，结晶态材料具有低电阻，而非晶态材料具有高电阻，因此两种相可以提供截然不同的电信号，即代表"0"和"1"。通过对相变材料施加电信号，可以使其在两相之间发生可逆变化，从而实现信息的存储。通常一个短时间、大电流的脉冲可以使材料熔化，在撤去脉冲的瞬间，由于温度骤降，原子来不及重新排列，从而形成非晶态，这一操作称为 RESET 操作；而施加一个持续、低电流的脉冲对其加热，可以使原子移回晶格位置，使相变材料恢复结晶态，即进行了 SET 操作。在读取时，只需要在单元两端加一个较弱的脉冲信号，通过判断输出信号强度就能辨别存储的值，由于读取操作的信号弱，所以对数据是无损的[89]。

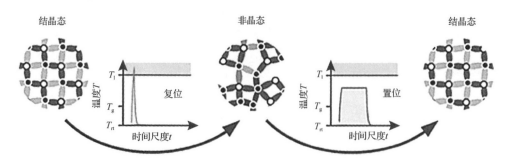

图 3-24　PCRAM 的基本工作原理[98]

PCRAM 的基本工作原理决定了其结构比较简单，其中最为常见的结构是如图 3-25（a）所示的 T 型结构，由于相变区域形似蘑菇，又称"mushroom"型结构。图 3-25（b）所示为"mushroom"型结构在 SET 和 RESET 状态下的电镜照片，在该结构中，横向尺寸被设计得很小，以提高电流密度，起到较好的加热效果。为了实现更高的存储密度，研究人员试图从多值存储、等比缩小和三维堆叠等多个方向进行努力。通过制造多阻态器件实现多值存储。在等比缩小方面，相变存储单元在尺寸上具有先天优势[99]，然而在器件尺寸等比缩小后，单元释放的热量将导致单元间的干扰增加。为此，研究人员也尝试使用三维堆叠结构，相变存储单元简单的结构使其成为可能，3D-XPoint 存储器于 2015 年发布，该存储器采用交叉阵列（crossbar）结构，并在垂直方向上进行了多层堆叠，相变单元和选通器位于上下电极的交叉位置，进一步提高了存储密度[90]。

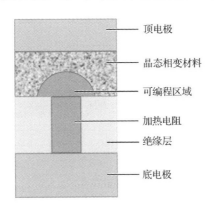

（a）典型的"mushroom"型 PCRAM 单元[99]

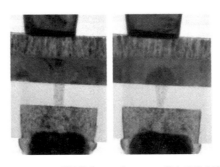

（b）"mushroom"型结构在 SET 和 RESET 状态下的电镜照片

图 3-25 PCRAM 单元结构图和电镜照片[100]

在 PCRAM 中，作为存储介质的相变材料是其核心，优化相变材料的参数对于提升存储器的性能至关重要。根据 PCRAM 的基本原理可知，PCRAM 的 SET 操作耗时一般比 RESET 操作耗时长，因此为了获得较快的擦写速度，在 SET 操作过程中相变材料的结晶速度需要足够快，希望在数十纳秒内完成。器件的能耗主要产生于 RESET 操作过程，因此要求相变材料的熔点不能太高，电阻不能太低。此外，PCRAM 的性能（如稳定性、存储密度、数据保持能力、循环性等）都与相变材料有着密切联系。PCRAM 的性能和相变材料之间的对应关系如表 3-5 所列。

表 3-5　PCRAM 的性能和相变材料之间的对应关系[101]

性能需求	相变材料需求
能够区分不同逻辑态	结晶态和非晶态之间具有显著的电阻差异
快速写入	结晶时间短
快速擦除	熔点不能太高
稳定性	不会在室温下结晶
存储密度	成分简单，对成分变化不敏感，并在尺寸效应显著影响相变属性时保持其相变能力
可靠性	化学性质稳定，不易挥发，不易产生相分离
低功耗	熔点适中，导热系数低，并且在结晶态状态时电阻率不能过低，从而降低 RESET 电流
数据保持能力（通常在工作温度下可达到 10 年）	提高结晶温度，以避免非晶态在工作或焊接时自发结晶
循环性（至少 10^6 次读/写循环）、器件之间的电学参数相差小（单元电阻、读、写电流）	减小晶态和非晶态之间的密度差异，从而减少空洞和应力的产生；限制强电场下的电迁移；限制相变材料和周围材料之间的元素扩散；限制结晶过程中的元素/相分离

相变材料的发展经历了漫长的过程。早在 1968 年，Ovshinsky 就发现了硫族化合物 $Te_{48}As_{30}Si_{12}Ge_{10}$ 能够在电场的作用下发生高阻和低阻之间的快速可逆相变[102]。1970 年，由 Ovshinsky 参与创立的 Energy Conversion Devices 公司与英特尔的 Gordon Moore 合作，制造了首款 256bit 相变存储器[103]，然而由于当时技术上的不足，PCRAM 无法与其他存储技术竞争，其发展几乎处于停滞状态。

随着研究的深入，越来越多的性能优异的相变材料被开发出来[104-107]，在众多相变材料中，研究较多的是硫系化合物[101]，最具代表性的便是由 N.Yamada 教授开发的 Ge-Sb-Te（GST）材料体系[104]，这一体系可以看成是由 GeTe 和 Sb_2Te_3 两种相变材料组合而成的，其中，GeTe 非晶相较为稳定，晶化速度不够快，而 Sb_2Te_3 则恰恰相反，二者在性能上互补。在 GST 三元相图中，Ge-Te 与 Sb-Te 组成的 $GeTe$-Sb_2Te_3 伪二元线上有多个不同化学计量比的组分，其中综合性能最优的组分是 $Ge_2Sb_2Te_5$，也是目前研究最多的相变材料[108,109]，其相变前后的电阻差可以达到 3～5 个数量级[110]，非晶化和晶化时间分别可以达到皮秒和纳秒量级，与 DRAM 接近[111]，并具有较低的热导率[112]，有助于降低相变器件的功耗，因此最先被大规模应用于 PCRAM 商业存储器中。除了 $Ge_2Sb_2Te_5$，另外两种性能较好的组分分别是 $Ge_1Sb_2Te_4$ 和 $Ge_1Sb_4Te_7$，GST 材料体系都属于晶化过程中成核驱动主导型的快速相变材料[113,114]，即材料容易在多个位点上成核。相变合金材料的三元相图及其主要材料的发现年份如图 3-26 所示。

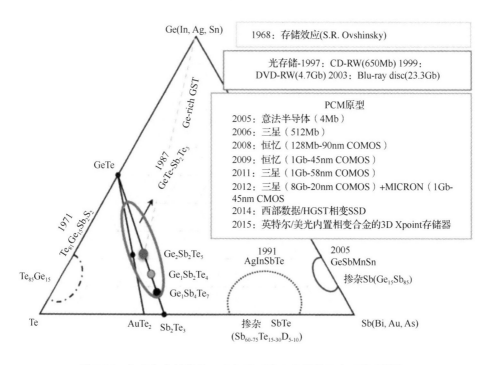

图 3-26 相变合金材料的三元相图及其主要材料的发现年份[101]

虽然基于硫系的相变存储器有很好的性能，但是仍有很多需要改进的方面：晶态的电阻较低，导致功耗比较大；结晶温度还不够高，导致数据保持能力不够理想；介质材料的相变速度随着薄膜厚度的减小而变慢等。借助材料基因组的研究范式，通过改变元素的组成比例、掺杂新元素探索最优的 PCRAM 材料是一种普遍的研究方法。

在材料设计方面，借助第一性原理计算和分子动力学模拟可以研究掺杂相变材料的原子结构模型、相变过程中的微观结构变化及相变行为。以 Si 掺杂 Sb_2Te_3 材料第一性原理计算为例，其计算流程如下：首先优化 Sb_2Te_3 的结构，得到的晶格常数为 a=4.338Å，c=31.159Å，非常接近实验值（a=4.264Å，c=30.458Å）[115]，偏差小于 2.3%，在第一性原理计算的误差范围之内；通过计算得到了 Si 掺杂 Sb_2Te_3 的反应形成能，发现在 Sb_2Te_3 的晶格中，无论用 Si 替代 Sb 还是 Te，其形成能都是正的，这说明用 Si 替代 Sb 或 Te 的反应不会自发进行，即 Si 不易进入 Sb_2Te_3 的晶格中，这个结果可以帮助理解为什么在 $Si_xSb_2Te_3$ 相变材料中无法形成单一相[116]。由此推测，当 Si 的掺杂浓度较低时，Si 原子将存在于 Sb_2Te_3 晶粒的晶界处；当 Si 的掺杂浓度升高时，这些存在于晶界的 Si 原子会限制 Sb_2Te_3 的增长，因此可以理解实验中发现的随着 Si 浓度的增加晶粒减小的现象。因此，通过第一性原理计算得到如下结论：在 Sb_2Te_3 中掺杂 Si，Si 原子不易进入 Sb_2Te_3 晶格，且 Si 原子与周围的 Sb、Te 原子形成较强的化学键，从而帮助得到掺杂 Si 减小晶粒尺寸、提高结晶温度的深层次原因。

在材料实验方面，利用高通量实验技术，可以从实验中研究新型 PCRAM 材料的相变特性。2005 年，项晓东团队为了寻找性能比传统 $Ge_2Sb_2Te_5$ 合金更优的 PCRAM 材料，系统研究了 Ge-Sb-Te 相变开关时间与元素成分之间的关联性，实现了原位实时的高通量的 Ge-Sb-Te 薄膜材料的制备和表征，并绘制了激光加热下相转变时间与元素成分关联的连续相图（见图 3-27）[117]。美国 IMI 公司采用高通量实验技术研究了 $(Sb_2Te_3)_x(GeTe)_{1-x}$ 合金体系的特性[118]。IMI 公司相变材料筛选的工作流程图如图 3-28 所示，首先从材料的三元相图中选择组分开始设计实验,然后使用高通量 PVD 设备在 12in 硅片衬底上进行定点隔离沉积,最后使用定制化的高通量表征装置原位测定相变材料电阻与温度之间的关系。德国亚琛工业大学同样利用高通量 PVD 技术研究了 $Ge_2Sb_2Te_5$ 附近不同组分材料的相变特性,快速绘制出相转变时间随组分变化的图谱(见图 3-29)[119]。此外,中国科学院上海硅酸盐研究所和中国科学院上海微系统与信息技术研究所合作,利用物理掩模法对 Sb-Te 体系进行高通量筛选[116]。

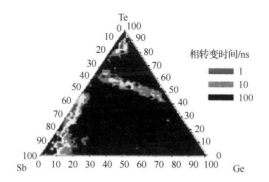

图 3-27　Ge-Sb-Te 三元合金材料相转变时间与元素成分关联的连续相图[117]

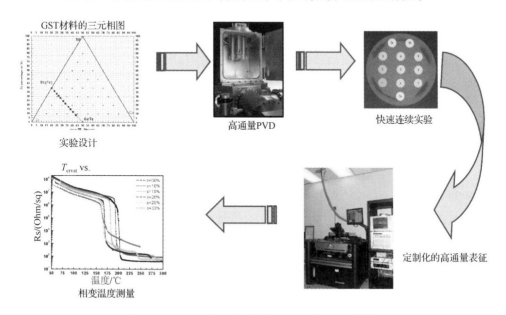

图 3-28　IMI 公司相变材料筛选的工作流程图[118]

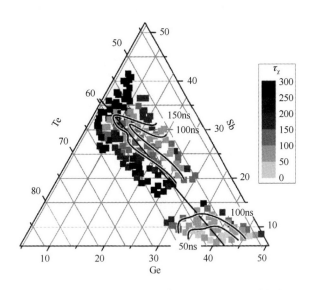

图 3-29　不同组分相变材料的相转变时间分布[119]

另外，通过比较掺杂不同元素对相变材料结晶温度、晶态电阻的影响，从而形成掺杂改性材料成分与性能关联的数据库[120]。在 $Al_xSb_2Te_3$ 相变材料中，掺杂 Al 对其性能的改善主要体现在以下两个方面[121]：随着 Al 含量的增加，$Al_xSb_2Te_3$ 相变材料的结晶温度、结晶激活能和晶态电阻率都相应提高；Al-Sb 和 Al-Te 键提高非晶态的热稳定性，从而改善 PCRAM 的数据保持能力。Wei 等人通过高温 XRD 实验手段研究了掺杂 Al 的 Sb_2Te_3 薄膜的非晶态热稳定性，研究表明随着掺杂 Al 浓度的增加，薄膜的结晶温度从 124℃上升到 244℃，热稳定性得到了显著提高[122]。图 3-30 所示为在 10℃/min 的加热速率下 Sb_2Te_3 薄膜的差示扫描量热法（Differential Scanning Calorimetry，DSC）实验结果，每条曲线的放热峰对应了 Sb-Te-Al 材料从非晶态开始的结晶过程。从图 3-30 的曲线中可以发现，明显的双重放热峰在 120～250℃和 200～340℃被观察到，第一个放热峰对应的是 Al 掺杂 Sb-Te 薄膜的结晶温度，通过 XRD 分析，在该温度下薄膜由非晶态转变为面心立方（FCC）晶体结构。

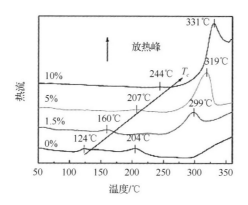

图 3-30 在 10℃/min 的加热速率下 Sb_2Te_3 薄膜的差示扫描量热法实验结果[122]

当下，尽管 PCRAM 已经进入量产，但是采用组合方法持续研究相变材料的组分、结构和工艺对性能的影响，建立 PCRAM 材料基因组数据库，筛选晶化时间短、熔点低、SET 态和 RESET 态的电阻率差异大、非晶态更稳定、在纳米尺度保持良好性能的新型相变材料体系，提升存储器的性能和一致性，对优化高容量、高速存储及存算一体人工智能芯片性能仍具有重要意义。

3.1.2 射频压电材料

集成电路压电器件常用的压电材料主要包括压电单晶、压电陶瓷和压电薄膜三大类[123]。目前研究和应用最多的是将压电材料制成先进声学器件，比如声表面波（SAW）滤波器和体声波（BAW）滤波器[124]。另外，压电声学器件也可用于制造微型传感器、超声换能器（pMUT）[125]等低频器件，在智能家居、智能机器人等新兴领域有一定的应用空间。

压电单晶材料是最早应用在声波器件中的压电材料，目前在手机中广泛应用的 SAW 滤波器的压电单晶材料多为固有机电耦合系数大的材料，如石英、铌酸锂、钽酸锂等晶体[126]。但是，一般压电单晶材料受限于单晶生长技术，晶圆尺寸小、价格昂贵，且存在声速低、温漂大、随温度的升高发生软化等问题。此外，基于单晶衬底的器件只能作为分立器件，难以实现集成。目前，这类 SAW 滤波器仅适用于低频窄带场景。压电陶瓷是采用高温烧结等工艺制造出来的，呈现多晶态，具备硬度高、耐潮解、耐高温、性质稳定等特点。目前基于压电陶瓷的声波器件仅适用于民用的电视机、收音机等设备。为了适应集成电路对平面化、集成化、低成本的需求，以及通信技术对高频、大带宽的需求，先进压电声学器件发展了压电薄膜工艺。目前研究和应用最多的是将压电薄膜工艺与 MEMS 工艺相结合[127]，制造成先进声学滤波器——SAW 滤波器和 BAW 滤波器，广泛应用于无线通信系统射频前端模块。

常见的压电薄膜材料包括具有铁电性的锆钛酸铅［$Pb(Zr,Ti)O_3$，PZT］薄膜，以及非铁电性的氧化锌（ZnO）薄膜、氮化铝（AlN）薄膜等[128-130]。在早期薄膜沉积技术不够先进时，纤锌矿结构的 ZnO 为较早用于制备压电器件的薄膜材料。1999 年，日本村田公司在蓝宝石/ZnO 衬底上成功研制 1.5GHz 的 SAW 滤波器。然而，ZnO 属于两性氧化物，抗腐蚀性较弱，高电阻、高击穿电压及低介质损耗很难实现，还存在集成电路工艺不兼容的问题，因此限制了其应用范围。PZT 薄膜属于典型的钙钛矿结构，介电常数大、压电系数高（见图 3-31）[131]，在微传感器应用方面得到了一定的关注。例如：2000 年，Chang 等人利用 PZT 薄膜开发了一种高灵敏度的水下探测的超声波传感器[132]；2001 年，Luo 等人研制了 PZT 压力传感器阵列，实现了 PZT 薄膜在喷射成型技术中的应用[133]。但是，PZT 压电器件在工作时要承受交变电压，交变电压在薄膜内形成的电场必须小于薄膜极化时的直流电场，否则，将会致使薄膜发生退极化，减弱 PZT 薄膜的压电性能。PZT 薄膜的压电性能受温度影响较大，在高温环境下，压电性能也会减弱，制约了 PZT 薄膜在高温环境中的使用。同时，由于 PZT 薄膜的内部缺陷多，声波在其内部传播时，传输损耗较大。另外，多数 PZT 材料中含有重金属 Pb，限制其材料在工业生产中的规模应用。与 ZnO 薄膜和 PZT 薄膜相较而言，基于 c 轴取向的 AlN 薄膜具有高机械强度、高阻抗、高声速、低损耗、低温漂、耐高温、与集成电路工艺兼容等诸多优点（见表 3-6）[134]，目前已成为众多商用压电器件的标准压电材料。当前，AlN 薄膜已经被广泛应用于压电器件，如谐振器[135-138]、滤波器[139-141]、超声换能器[142,143]、应变传感器[144]、化学传感器[145]、加速度计等[146]。

第3章 材料基因组技术在集成电路材料研发中的应用进展及前景

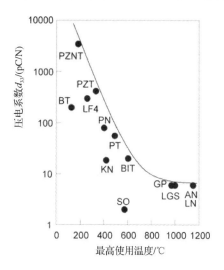

图 3-31 典型压电薄膜材料在居里温度附近的压电系数与最高使用温度之间的关系[131]

表 3-6 几种压电薄膜材料的性质比较[134]

性　　质	PZT	ZnO	AlN
d_{33}/（pC/N）	100～600	12	6
介电常数 ε	80～400	9.2	9.5
机电耦合系数 k_t^2（%）	10～20	7.5	6.5
纵波声速/（m/s）	4000～6000	6350	10 400
1GHz 衰减/（dB/m）	非常大	2500	800
TCF/×10^{-6}℃$^{-1}$	+80	−60	−25
高温稳定性/℃	约 300	—	>1000
固有材料损耗	高	低	很低
声阻抗	低	—	高
生产成本	较高	低	高
与 CMOS 兼容性	兼容	不兼容	兼容

AlN 材料应用于声学器件的历史最早可追溯到 1981 年。1981 年，Lakin 预言了薄膜体声波谐振器的巨大发展潜力和 AlN 作为压电薄膜材料的前景[147]；1996 年，美国麻省理工学院的研究人员采用硅刻蚀技术和键合技术，用 AlN 作为压电材料，构造压电薄膜悬空的密封腔，成功制备了薄膜体声波谐振器[148]；1999 年，

安捷伦公司的 Ruby 等人经过长达十年的研究，研发了 PCS1900MH 双工器，并在 2001 年实现了规模量产[149,150]，大大带动了 BAW 技术的飞跃发展；2014 年，新加坡微电子研究所的 Sharma 等人通过引入 SiO_2 和 Si_3N_4 保护层，成功解决了压电层 AlN 和 Mo 电极之间的黏附问题以及刻蚀气体 XeF_2 对 Mo 电极的损伤问题[151]，进一步提高了 BAW 器件与 CMOS 工艺的兼容性；2007 年，Wingqvist 等人制备了在黏性介质中基于 AlN 剪切模式的 BAW 传感器[152]；2015 年，清华大学的 Zhou 等人首次在柔性基片的聚酰亚胺（PI）上实现了基于 AlN 的 BAW 器件的制备，经过多次弯折后器件仍保持良好的谐振性能[153]（见图 3-32），对柔性无线电子器件的发展起到了重要作用。

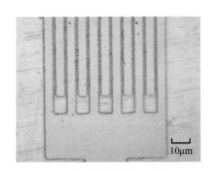

（a）在显微镜下的放大图像
（倍数为1000，包含5对叉指电极）

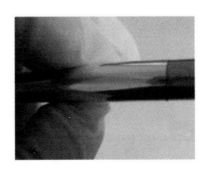

（b）将基于PI的LFE-FBAR卷在一个半径为3mm的钢桶上

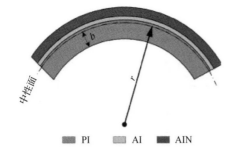

（c）基于PI的多层结构受到计算所得的最大应变而弯曲的示意图

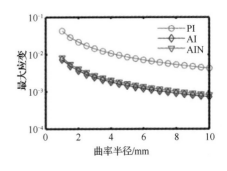

（d）三种材料的最大应变与曲率半径的关系

图 3-32 PI 衬底上基于 AlN 的 BAW 器件[153]

AlN 的压电性能主要来源于其纤锌矿晶胞中平行于 c 轴方向的极性偶极矩。

因此，多晶 AlN 的压电响应取决于沿 c 轴方向的独特生长取向。通过调控溅射生长条件能够制得具有理想压电响应的 AlN 薄膜。然而，与其他压电材料相比，AlN 的压电系数和机电耦合系数相对较小，这限制了其在高频宽带滤波器及高精度传感器上的应用。目前 AlN 在 4G 滤波器中使用广泛，但 5G 传输的数据量更大，要求射频信号频率更高、带宽更大，迫切需要在 AlN 材料技术上不断突破，以提高压电系数，进而提高滤波器的机电耦合系数。理论研究表明，在 AlN 中掺杂过渡金属元素能够不同程度地提高薄膜压电性能，因此对 AlN 进行掺杂元素的改性研究成为研究人员新的关注点。材料基因组技术，特别是基于第一性原理的材料计算在掺杂 AlN 研究领域有着较成功的应用案例。

目前 AlN 掺杂研究主要集中在一元掺杂和二元掺杂。在一元掺杂研究中，掺杂元素主要有钪（Sc）[154]、钇（Y）[155]、硼（B）[155]、铒（Er）[156]等。研究结果表明，在相同掺杂浓度下，不同元素对压电响应的提高程度有明显的不同，掺杂 Sc 能获得最高的压电系数。因此，相关的科研界和产业界利用理论计算和实验手段围绕 Sc 掺杂 AlN 进行了全面深入的研究。2010 年，Tasnadi 等人基于广义梯度近似的密度泛函理论，使用 SQS 方法构建了 128 个原子的超胞，通过用 Sc 原子取代 Al 原子，在超胞中模拟 Sc 掺杂含量分别为 0.125、0.25、0.375、0.5 的情况，来研究掺杂 Sc 提高 AlN 压电性能的机理（见图 3-33）[157]，发现 Sc 掺杂含量为 0.5 时 AlN 的压电系数 d_{33} 可提升 400%，ScAlN 合金中的极化变化主要由 Sc 位点周围的内部畸变引起。研究人员认为出现的新型六方中间相以及形成的共价键和离子键共存的混合态综合作用增强了压电系数。2014 年，Zhu 等人利用第一性原理计算研究 Sc 掺杂 AlN 的晶体结构、电子结构和光学性质[158]。2015 年，Caro 等人基于密度泛函理论和电极化的 Berry 相理论，对在 Sc 含量为 0~0.5 情况下的薄膜压电效应和自发极化进行了计算研究[159]，分析了计算过程中超晶胞的选择、计算细节、计算自发极化所需方法等，得到了 ScAlN 薄膜压电系数和压电模量之间的关系。2016 年，Momida 等人模拟 Sc 掺杂 Sc_xAl_{1-x} 的结构模型（见图 3-34）[160]，利用第一性原理计算研究 $Sc_xAl_{1-x}N$ 的压电性能随 Sc 的掺杂含量的变化情况，研究人员构建 16 原子的六方晶系超胞并考虑所有可能的组合，在超胞的 8 个 Al 位点中分别选择 1、2、4、6、7 个位点作为 Sc 替代位点，模拟 Sc 掺杂浓度为 0.125、0.25、0.5、0.75、0.875 的情况。利用第一性原理计算充分优化了该超胞结构的晶格常数和原子位置，计算每一种掺杂组合情况下模型的形成能、压电常数、弹性常数、压电系数，在掺杂含量从 0 增加到 0.75 的过程中，材料的压电系数也随之增加。为研究纤锌矿相与立方岩盐相之间的结构稳定性，研究人员又构建了 16 个原子的立方岩盐 ScAlN 模型，计算在不同掺杂含量下 ScAlN 的纤锌矿相和立方岩盐相的形成能，发现在掺杂含量小于 0.5 的情况下纤锌矿的结构更稳定。

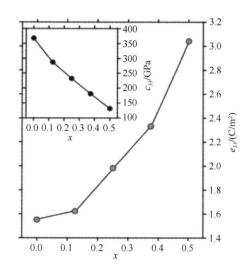

（a）纤锌矿合金 $Sc_xAl_{1-x}N$ 薄膜的压电常数 e_{33} 和弹性系数 c_{33} 与 Sc 掺杂含量 x 的函数关系

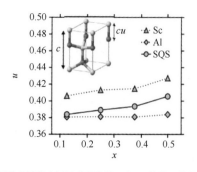

（b）纤锌矿结构中平均内部参数 u 与 Sc 浓度 x 的函数关系
（虚线为 Sc 和 Al 的位点解析值，实线为 $Sc_xAl_{1-x}N$ 的组成权重）

图 3-33　Sc 掺杂 AlN 第一性原理计算的相关结果[157]

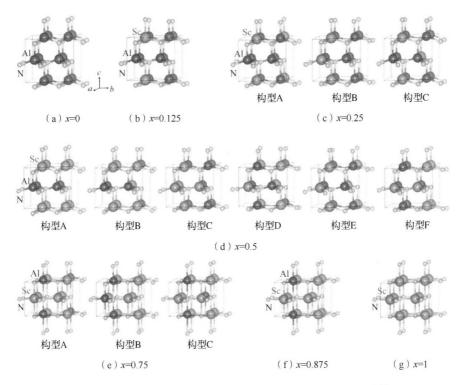

图 3-34 不同 Sc 掺杂含量 x 的纤锌矿 $Sc_xAl_{1-x}N$ 结构模型[160]

Sc 掺杂 AlN 的计算研究较为系统,并且结论也较为一致。同样,Sc 掺杂 AlN 的实验研究也非常深入,使用的薄膜沉积技术多为磁控溅射技术,靶材为单个 ScAl 合金靶或者由 Al 靶和 Sc 靶组成的双靶。日本是 Sc 掺杂 AlN 材料研究的先驱和集大成者。2009 年,日本科学家 Akiyama 等人利用 Al、Sc 双靶共溅射法制备了不同 Sc 掺杂浓度的 ScAlN 薄膜[161],在实验中发现 Sc 掺杂 AlN 可以有效提高 AlN 薄膜的压电响应,并且压电系数随着 Sc 掺杂含量的变化而发生明显变化,其中当 Sc 掺杂含量为 43% 时,ScAlN 的压电系数达到 27.6 pC/N,比纯 AlN 薄膜压电系数提高了约 400%(见图 3-35)。由此开始,Sc 掺杂 AlN 材料及器件研究迎来热潮。2010 年,Wingqvist 等人通过在 AlN 中掺入 20% 的 Sc,使 AlN 的机电耦合系数提高到 10%,并且 Sc 的掺入提高了薄膜的介电常数,降低了介电损耗[162];

2011年，Matloub等人利用反应磁控溅射法制备了$Sc_{0.12}Al_{0.88}N$薄膜，发现其压电系数达到了7.8pC/N，并基于该薄膜制备了机电耦合系数为7.3%、品质因子为650、谐振频率达2.5GHz的BAW谐振器[163,164]；同年，Moreira等人研究了c轴择优取向$Sc_xAl_{1-x}N$（Sc含量x=0~0.15）薄膜在BAW器件中的应用[165]，发现在Sc含量变化范围内，器件的机电耦合系数最多增加了100%（见图3-36）；2012年，Zukauskaite等人[166]利用双靶共溅射方法，制备了纤锌矿Sc_xAl_{1-x}薄膜，分析发现Sc含量的增加会引起薄膜结晶度变差；2012年，Piazza等人综述了AlN压电薄膜在MEMS中的应用，认为ScAlN压电薄膜是用于实现更大带宽、更高频的压电器件的理想材料[167]；2016年，Zywitzki等人采用反应脉冲磁控共溅射沉积了ScAlN薄膜，当Sc含量达到43%时，纤锌矿结构变得愈发无序，并且Sc含量的增加导致杨氏模量减小（见图3-37）[168]；2017年，Mayrhofer等人使用$Sc_{0.27}Al_{0.73}N$压电薄膜制造了MEMS悬臂振动能量收集器[169]，该器件的输出功率是AlN的两倍；2017年，Wang等人设计制造的$Sc_{0.2}Al_{0.8}N$基超声换能器相比于AlN基器件的机电耦合系数提高了20%[170]；2017年，Zhu等人设计了基于$Sc_{0.08}Al_{0.92}N$薄膜厚度交替变化的新型谐振器（LCAT），该谐振器的工作频率大于2GHz，可用于带宽可调滤波器[171]；2019年，德国弗劳恩霍夫应用固体物理研究所（Fraunhofer IAF）的科学家通过特殊的磁控溅射外延（MSE）沉积方法在蓝宝石上生长出高度结晶的高掺Sc AlScN薄膜，Sc含量最高可达41%[172]，进一步改善了SAW谐振器的机电耦合系数。目前德国Fraunhofer IAF在该领域的研究水平最高，获得了压电系数高于30pC/N的高质量薄膜。不同地区的研究机构在ScAlN压电性能方面的研究进展统计如图3-38所示。

目前在二元掺杂AlN研究方面的报道较少，相对于Sc掺杂的研究起步较晚。为了遵循电中性原则，二元掺杂选择+2价元素与+4价元素组合，研究较多的是掺入Mg-Hf、Mg-Zr、Mg-Nb等[173]。

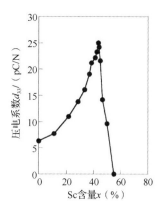

图 3-35　$Sc_xAl_{1-x}N$ 的压电系数与 Sc 含量的关系[161]

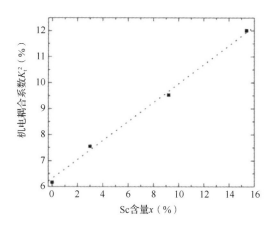

图 3-36　$Sc_xAl_{1-x}N$ 薄膜的机电耦合系数相对于 Sc 含量的函数关系[165]

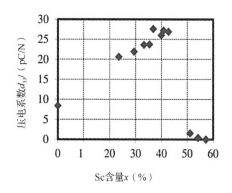

图 3-37　反应脉冲磁控共溅射得到的不同 Sc 含量 ScAlN 薄膜的压电系数[168]

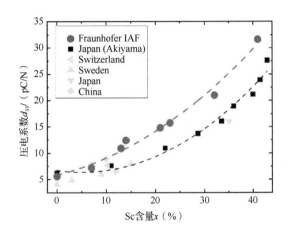

图 3-38 不同地区研究机构在 ScAlN 压电性能方面的研究进展统计[172]

日本科研人员在 Mg 合金双元掺杂 AlN 方面的研究领先全球。以日本国立先进工业科学技术研究所为代表的机构不仅在理论计算上取得了一定成果，而且在实验上实现了 Mg-Hf 和 Mg-Nb 共掺杂 AlN。日本国立先进工业科学技术研究所的 Uehara 等人[174]通过在 AlN 中掺入 Mg-Nb，发现单独掺入 Mg 或 Nb 薄膜的压电系数随掺杂浓度的增加而降低，而共掺杂薄膜的压电系数增加，其中薄膜成分为 $Mg_{39.3}Nb_{25}Al_{35.7}N$ 的压电系数高达 22pC/N，约为纯 AlN 的 4 倍。2015 年，知名滤波器厂商太阳诱电的研究人员在第一性原理计算的基础上，利用射频磁控反应共溅射系统制备了 Mg-Zr 掺杂的 AlN 薄膜[175]。结果显示，Mg-Zr 掺杂的 AlN 薄膜的压电系数比纯 AlN 大 280%，且实验得到的薄膜材料的压电系数与第一性原理计算得到的相应值非常接近，并制备了机电耦合系数大于 8.5%的薄膜体声波谐振器。这些结果表明共掺杂(Mg,X)AlN（X= Zr 或 Hf）薄膜有潜力成为适用于宽带射频的压电薄膜。2019 年，日本国立先进工业科学技术研究所的 Hirata 等人通过第一性原理计算研究了在 AlN 中共掺入元素 Mg 和元素 X（X=Nb、Ti、Zr、Hf）对其压电性能的增强机理，将其与 Sc 掺杂 AlN 的结果进行比较（见图 3-39）[176]，并通过晶体轨道哈密顿布居数（COHP）分析研究弹性软化和原子间键能与压电响应的关系。研究发现用 Mg+X（X=Nb、Ti、Zr、Hf）对氮化铝进行二元掺杂在压电性能的改善上与 Sc 掺杂较为相似,都表现为压电常数的增加和弹性常数的减小。在对键能的计算中发现不论是纯 AlN 还是 Sc 掺杂 AlN 抑或是所研究的二元掺杂,各材料中的 Al-N 键能相似,Mg-N、Sc-N、Nb-N、Ti-N 的键能小于 Al-N 的键能,造成纤锌矿结构的弹性软化。

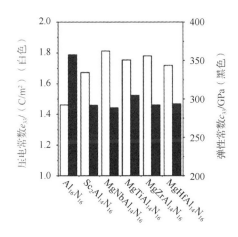

图 3-39 几种 AlN 基化合物的压电常数和弹性常数[176]

特别需要指出的是,高通量组合材料研究方法也被用于研究 Mg 合金双元掺杂 AlN。2017 年,日本东京大学 H.Nguyen 等人利用共溅射技术在硅片上生长出组分呈现梯度分布的 $(Mg,Hf)_xAl_{1-x}N$ ($0<x<0.24$)薄膜(见图 3-40),并分析了材料压电响应随成分变化的关系[177]。

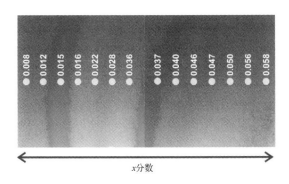

图 3-40 组分呈梯度分布的 $(Mg,Hf)_xAl_{1-x}N$ 薄膜照片[177]

当前，在产业技术应用方面，Sc 掺杂 AlN 在谐振器、MEMS 传感器领域实现了商业应用，但 Sc 掺杂 AlN 还主要集中在较低的掺杂含量（小于 20%）。尽管很多理论研究表明，越高的掺杂含量（最高至 43%）的 AlN 薄膜压电性能越好[161]，但高 Sc 掺杂 AlN 存在材料结构软化、薄膜缺陷密度大、薄膜工艺难度大等问题，且高 Sc 含量的 ScAl 合金靶制备困难，因此解决高 Sc 掺杂 AlN 薄膜的一系列问题，在该领域还存在很大的研究空间。双元及多元掺杂 AlN 也有替代 Sc 在工业上实现应用的前景，其掺杂元素及含量、材料制备工艺及芯片工艺等方面的研究也有待深入。就目前的研究现状来看，掺杂 AlN 材料组分复杂、生长条件变化多、内在机理不明，与制备工艺、材料性能之间的对应关系有待建立，不仅需要材料层面的物理性能表征，而且需要器件级性能的反馈，实验量巨大，成本高，周期长。材料计算已经在 AlN 基压电材料中取得应用成果，高通量实验也已用于寻找掺杂含量和压电性能之间的对应关系。未来通过将材料-器件跨尺度高通量计算、高通量组合材料实验相结合，并与集成电路声学器件工艺相结合，可以全面研究掺杂 AlN 材料及器件特性，建立材料元素及组分、材料工艺和性能之间的关联关系，快速筛选拥有高压电系数、高稳定性的新型压电材料。

3.1.3　高 k 介质材料

高 k 介质材料是指具有高介电常数的介电材料，其相对介电常数 k >3.9（3.9 是 SiO_2 的相对介电常数），主要是金属氧化物。高 k 介质材料在集成电路中的用途主要分为两类，即用作晶体管 MOSFET 的栅介质和用作存储器（如 DRAM）的电容介质，两类应用对高 k 介质材料的性能要求不同。MOSFET 栅介质要求 k 不能太高也不能太低，最好在几十到一百之间；储存器电容介质通常要求 k 越高越好，还需要满足漏电流低、介电损耗小、击穿电压高、翻转时间短、耐疲劳性能好等要求[178,179]。以下重点介绍高 k 介质材料在 MOSFET 和 DRAM 中的研发和应用情况。

1. MOSFET 栅介质材料

SiO_2 介质薄膜因与硅之间的界面近乎完美，且机械、电学、介电和化学稳定性优秀，从 20 世纪 60 年代至 2007 年一直被广泛用于 MOSFET 栅介质层。随着工艺线宽缩小至 100nm 以下，SiO_2 的厚度开始逐渐接近原子间距（约 1.2nm）。此时，受量子隧穿效应的影响，栅极漏电流大导致的功耗激增问题凸显[180]。因此，为了保持器件的持续微缩，需要选择高 k 栅介质取代传统的 SiO_2 栅介质，达到既增加绝缘层厚度又降低漏电流的目的。总结起来，高 k 栅介质材料必须具备的条件包括：介电常数适中（10～30）、带隙约为 5eV、在硅基上可以保持良好的热稳定性、结晶温度高、栅氧电荷密度低、界面缺陷少、与 CMOS 工艺兼容等[181]。

长期以来，学者们在高 k 栅介质材料领域展开了大量的研究，研究的重点集中在 Al_2O_3、HfO_2、ZrO_2、La_2O_3、TiO_2 和 Ta_2O_5 等金属氧化物及其合金体系上[182-189]。在所有高 k 金属氧化物中，最适合用于栅极高 k 介质的材料为 HfO_2。2007 年，美国英特尔公司在 45nm 技术的后栅工艺中首次使用 HfO_2 薄膜作为高 k 栅介质材料，确定了 HfO_2 在高 k 栅介质材料领域的主导地位（见图 3-41）[190,191]。HfO_2 能够成为替代 SiO_2 的栅介质材料，是因为自身具有诸多优势，比如 HfO_2 的相对介电常数高（22～25）、带隙大（5.5～6.0eV）、击穿场强大（3.9～6.7mV/cm）热稳定性良好及与 CMOS 集成电路兼容性好等[192]。

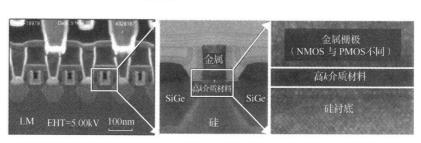

（a）晶体管的栅和高 k 介质材料的 SEM 图　（b）采用 HfO_2 作为高 k 介质材料的 PMOSFET 图　（c）采用 HfO_2 作为高 k 介质材料的 TEM 图

图 3-41　P 型 MOSFET 的电镜照片[191]

但是，与 SiO_2 相比，HfO_2 本身存在诸多不足，比如结晶温度低，易产生杂质和缺陷[193]，与硅直接接触会显著降低硅衬底中载流子的迁移率，在再结晶时引起漏电流增加[194]。HfO_2 随温度变化的相变规律如图 3-42 所示。在室温下，HfO_2 的稳定相是单斜相，随着温度的升高，在约为 2050K 时 HfO_2 发生四方相相变[195]。单斜相的 HfO_2 介电常数并不优于非晶相，但四方相的介电常数明显较高。因此，为了改善材料的 HfO_2 质量、提高介电常数以满足更小节点的应用需求，研究人员通常采用掺杂或杂化方式对 HfO_2 进行改性处理，形成新的 Hf 基高 k 栅介质。材料基因组技术在 HfO_2 栅介质薄膜掺杂改性研究方面扮演着重要的角色。

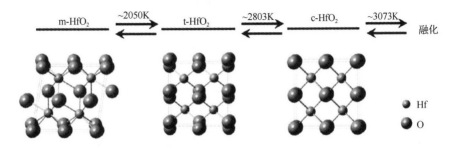

图 3-42　HfO_2 随温度变化的相变规律[195]

通常在 HfO_2 基体中引入阳离子掺杂剂，掺杂剂的大小在稳定机制中起着至关重要的作用[184]。Fischer 和 Kersch 利用从头算方法研究了掺杂剂（Si、C、Ge、Sn、Ti、Ce）含量对四方相 HfO_2 单位内能的影响，揭示了内能尺度的差异与掺杂剂含量成近似线性关系［见图 3-43（a）］[196]。他们也计算了声子对亥姆霍兹自由能的贡献，以解决非零温度下的相位稳定问题，结果表明，声子贡献与掺杂剂的离子半径有关，对于与 Hf 半径相似的掺杂剂，声子的费米能级保持不变，而较小的掺杂剂会导致晶体结构畸变从而显著降低费米能级［见图 3-43（b）（c）］。

此外，研究人员在研究掺杂元素时还研究了一些稀土元素，如在 HfO_2 中掺杂元素 La、Y，形成 $HfLaO_x$、$HfYO_x$ 等结构。在 HfO_2 中掺杂稀土元素形成 Hf 基高 k 栅介质材料，可有效增加 k、改变电子结构、抑制氧空位的生成和增大能隙，从而提高其在场效应晶体管中应用性能[197-199]。

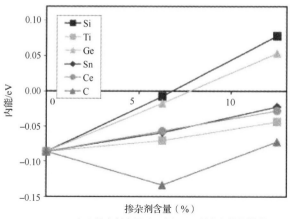
（a）掺杂剂含量对正方相HfO_2单位内能的影响

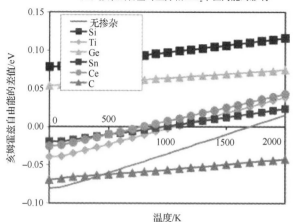
（b）无掺杂HfO_2和12.5%掺杂HfO_2的亥姆霍兹自由能的差值随温度的变化

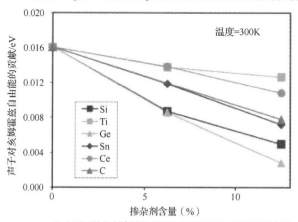
（c）不同掺杂剂含量的声子对亥姆霍兹自由能的贡献差异

图 3-43 掺杂对 HfO_2 性能的影响[196]

RE_2O_3-Al_2O_3-HfO_2 是一类基于 HfO_2 的伪二元合金，具有较高的介电常数、与硅接触时的稳定性良好、结晶温度高、电学性能优于 HfO_2。到目前为止，已经开发出多种 RE_2O_3-Al_2O_3-HfO_2 的制备方法，包括 MBE、PLD、化学溶液沉积、溶胶-凝胶法和 ALD 等[200-204]。在众多材料体系中，对 HfO_2-Y_2O_3-Al_2O_3 材料体系的研究最为全面、系统，该材料体系也是高通量实验技术应用的典型案例之一。2004 年，日本国立材料科学研究所 Hasegawa 等人通过具有衬底旋转和移动掩模的 PLD 技术生长出 HfO_2-Y_2O_3-Al_2O_3 三元成分分布的高 k 氧化物薄膜，并通过 XRD 研究其结构和相稳定性。他们发现了 HfO_2-Y_2O_3 二元氧化物和部分 HfO_2-Y_2O_3-Al_2O_3 三元氧化物包含结晶相，且当 HfO_2：Y_2O_3：Al_2O_3 的成分比例为 6：1：3 时，三元化合物具有稳定的非晶结构和相当高的介电常数[205]。日本 Koinuma 等人也利用高通量 PLD 技术制备了 HfO_2-Y_2O_3-Al_2O_3 三元化合物，同样表明当 HfO_2：Y_2O_3：Al_2O_3 的成分比例为 6：1：3 时，化合物具有稳定的非晶结构和相当高的介电常数（见图 3-44）[206,207]。除研究 HfO_2-Y_2O_3-Al_2O_3 体系外，美国国家标准与技术研究院（NIST）的 Chang 等人也采用高通量 PLD 技术研究了 HfO_2-TiO_2-Al_2O_3 体系在硅衬底上高温生长的特性（见图 3-45），以筛选出一种能够在硅衬底上稳定生长的高 k 栅介质材料。研究发现，在 300℃下沉积的该三元系统薄膜可以在视觉和表征上看到很明显的边界，X 射线分析表明该边界线对应结晶度边界，且随着 TiO_2 组分的增加逐渐向非晶化过渡[208-211]。

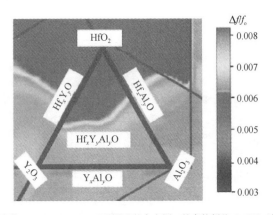

（a）微波显微镜测定的 HfO_2-Y_2O_3-Al_2O_3 三元组分的介电图，较高的频移（$\Delta f/f_0$）对应较大的介电常数

图 3-44　介电常数图[206,207]

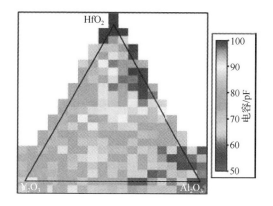

(b) C-V 法测得的介电图

图 3-44 介电常数图[206,207]（续）

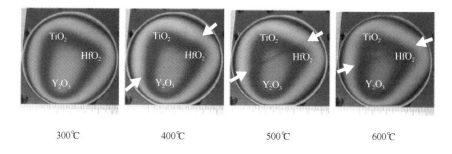

图 3-45 不同生长温度下 HfO_2-Y_2O_3-Al_2O_3 三元薄膜照片[210]

引入高 k 介质层还需要选择与导电通道有效功函数相近的金属栅极，栅极和介质层巧妙配合才能降低器件的阈值电压。对于栅极、源极和漏极金属材料，利用高通量实验技术，可实现二元及多元合金薄膜材料的快速筛选，寻找电阻率低且非常灵活的功函数可调性的栅极材料及电阻率低、热稳定性高、化学性质稳定的金属硅化物中的金属材料。美国 NIST 采用高通量磁控溅射技术制备了 HfO_2 介质上 Ni-Ti-Pt 三元合金薄膜，并系统地研究了在该薄膜下平带电压漂移、功函数和漏电流密度的变化，研究人员发现在富 Ti 区域的平带电压漂移量要比富 Ni 区域和富 Pt 区域的平带电压漂移量更小，这意味着 Ti 附近的功函数较小［见图 3-46(a)］。另外，测得的金属功函数与漏电流密度的变化相似［见图 3-46(b)(c)］[212]。类似的方法也用于筛选 Ru-Mo 和 Pt-W 系金属栅极，研究人员通过在 Ru 中掺入

Mo 或者在 W 中掺入 Pt 的方法控制平带电压的变化[213]。与金属相比，金属氮化物、碳化物等类金属材料具有优异的耐热性和耐化学性，可作为潜在的栅极。在众多的化合物栅极材料中，TaN 通过与各种元素（Al、C 等）的合金化，表现出非常灵活的功函数可调性、良好的化学性能和机械性能[214,215]。

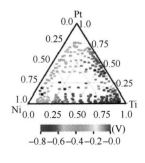

（a）Ni-Ti-Pt 三元系统平带电压偏移图

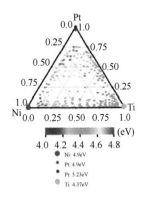

（b）Ni-Ti-Pt 三元系统功函数图

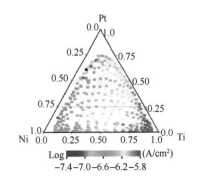

（c）Ni-Ti-Pt 三元系统衬底偏置 1V 时的漏电流图

图 3-46　Ni-Ti-Pt 三元系统[212]

2. DRAM 电容介质材料

随着技术节点不断降低，利用高 k 介质材料提高 DRAM 电容的存储能力是业界普遍采用的一种有效途径。与 MOSFET 相比，DRAM 电容对高 k 介质材料的要求不同，主要区别在于：DRAM 电容介质的介电常数更高；电容中的电介质不与硅接触；电容的电极通常为金属，更容易实现较大的能带偏置；电容通常在后段工艺中完成，需要在较低的温度下制造。DRAM 电容需要同时满足大电容和低漏电的需求，大电容可以通过选择高 k 介质材料实现，然而研究发现介电材料的 k 值通常与带隙成反比（见图 3-47）[216]，随着材料的 k 值增加带隙减小，不利于降低漏电流，因此限制了高 k 氧化物的选择。例如，TiO_2 和 $SrTiO_3$ 的 k 值通常高于 100，但是带隙很小（3.2~3.3eV）。

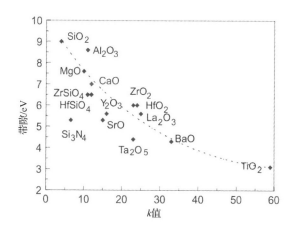

图 3-47 介电材料的 k 值和带隙之间的关系[216]

如图 3-48 所示，DRAM 电容中的介电材料经历了数次更新，包括 ONO[218]、Ta_2O_5[219]、Al_2O_3[220]、ZrO_2[221] 等。1970 年，第一代 DRAM 在英特尔诞生[222]，使用的介电材料是 SiO_2。然而，随着器件尺寸的缩小，SiO_2 层变薄，导致漏电流急剧增加，限制了 DRAM 电容的继续缩小[223]。20 世纪 80 年代中期，DRAM 制造商开始采用 Si_3N_4、SiO_2 复合薄膜（ONO 或 ON）替代 SiO_2，其相对介电常数比 SiO_2 稍大，用于生产 4~16MB 的 DRAM 芯片[218]。然而，在 200nm 技术节点以下，ON 薄膜面临着和 SiO_2 同样的问题，即无法同时满足 DRAM 对电容和漏电流的需求，因此必须寻找具有更高介电常数的材料[224]。

20 世纪末，高 k 材料 Ta_2O_5 和 Al_2O_3 被用于 DRAM 芯片中[219,220]，其中 Al_2O_3 与 ON 相比有诸多优势，即介电常数较高（约 11）、带隙较大、漏电流密度较低、以及可以通过 ALD 技术制备。2000 年，三星公司首次采用 0.15μm 工艺，利用 Al_2O_3 制造了容量为 1Gbit 的 DRAM[225]。2006 年，通过 ALD 技术制备了 ZrO_2 的复合结构 ZAZ，即四方相 ZrO_2（$k ≈ 40$）/非晶 Al_2O_3（$k ≈ 9$）/四方相 ZrO_2（$k ≈ 40$），复合结构 ZAZ 被证明具有低至 6.3Å 的等效氧化物厚度，可以用于 45nm 技术节点[221]。ZAZ 目前仍能满足 25nm 技术节点，但是在 20nm 技术节点以下，随着电介质厚度的降低，在 3D 电容制造过程中，ZAZ 叠层电介质很可能使元素相互混合，难以得到理想的堆叠结构，很难满足漏电流的要求[226,227]。

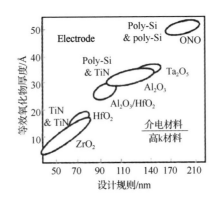

图 3-48　DRAM 电容中的介电材料的发展趋势和相应的等效氧化物厚度[217]

材料基因组技术同样在众多针对 DRAM 电容高 k 介质材料的研究中得到了应用和推广。贝尔实验室是最早利用高通量实验方法研究高 k 介电材料的团队之一[228,229]，该团队使用反应共溅射装置，沉积了成分连续变化的 Zr-Ti-Sn-O 三元金属氧化物薄膜，并结合多组分合成和自动化测试技术，从该多元氧化物体系中筛选出最佳成分配比，如图 3-49 所示。

10 年前，美国 ATMI 公司的 Doering、Weimin 等人与 IMI 公司合作[230]，利用高通量 ALD 技术研究锆基高 k 材料的前驱体，并确定了介电薄膜沉积时的最佳工艺窗口，最终帮助 ATMI 公司开发了替代 TEMAZ 的新型高 k 前驱体 TCZR 并实现了量产，比行业预计时间缩短了近 20 个月，加速推动了 DRAM 工艺的进一步微缩，凸显了材料基因组技术的巨大潜能。

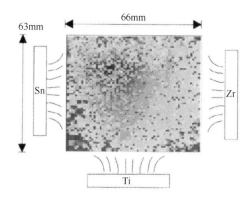

(a) 63mm×66mm 衬底的不同位置上的 FOM 分布

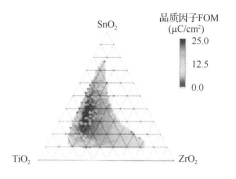

(b) 将相同的数据映射到三元成分图中

图 3-49　a-$Zr_xSn_yTi_zO_{2-\delta}$ 介电薄膜的 FOM 值分布[228]

有的研究人员从理论计算的角度对理想的高 k 介质材料进行研究，如首尔大学的 Kanghoon Yim 团队尝试通过高通量计算寻找介电常数高且带隙大的材料。计算流程图如图 3-50（a）所示，首先从无机晶体结构数据库中收集了大量包含特定原子的结构，进行结构预筛选，然后进行第一性原理计算，最终得到了大量材料带隙和静态介电常数之间的关系，该计算结果与实验基本吻合，并预测了几种具备优越性能的新介电材料，如图 3-50（b）所示[231]。

综上所述，目前 MOSFET 和 DRAM 高 k 介质材料分别停留在 HfO_2 和 ZrO_2 的水平，筛选更优的高 k 栅介质材料实现尺寸缩小及降低漏电流一直是产业界关注的方向。借助材料基因组技术，可以加快挖掘新型介质材料、金属栅极材料等，并优化已有材料的性能。

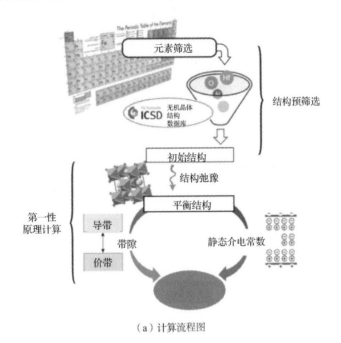

（a）计算流程图

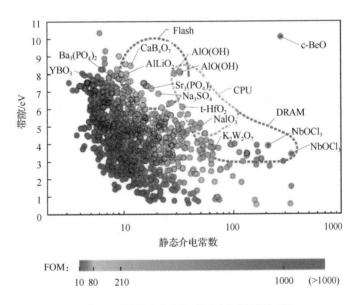

（b）1158种氧化物的带隙和静态介电常数的关系图
（新发现的材料用文字标注）

图3-50　自动化计算电介质带隙和静态介电常数的流程图及关系图[231]

3.1.4 铁电、铁磁和多铁材料

铁电材料是指同时具备铁电性和压电性的一类介电晶体，最基本的特性为在某些温度范围会产生自发极化。在固定的温度范围内，且不加外电场的情况下，铁电材料的每个晶胞中的原子会沿自发极化方向的构型变化，使晶格中的正负电荷中心不重合而产生电偶极矩。当温度高于某一临界值（居里温度）时，其晶格结构又会改变，导致正负电荷中心重合，自发极化消失。铁电材料的极化强度可以随外电场的反向而反向，从而出现电滞回线。

铁电材料的种类很多，典型的结构为立方钙钛矿结构，由 ABO_3 构成，其中 A、B 不一定是单一的元素，可能是几种元素的组合，这些元素的原子百分比之和满足 ABO_3 的关系。这一类型的铁电薄膜材料包括 $Pb(Zr,Ti)O_3$（PZT）、$(Pb,La)TiO_3$（PLT）、$(Pb,La)(Zr,Ti)O_3$（PLZT）、$SrTiO_3$（ST）、$BaTiO_3$（BT）和 $(Ba,Sr)TiO_3$（BST）等。此外，还有钙钛矿体系的铋层状 $SrBi_2Ta_2O_9$（SBT），氧化物 $Sr_xBa_{1-x}Nb_2O_6$（SBN）和一些金属氧化物（如氧化铪）的铁电材料。

从 20 世纪 20 年代首次发现铁电性质的罗氏盐（$NaKC_4H_4O_6·4HfO_2$）开始，经过将近一个世纪的发展，铁电材料在铁电液晶材料、聚合物复合铁电材料、薄膜材料等领域有了十分广泛的应用。其中，铁电薄膜材料具有良好的铁电性、压电性、热释电性、电光效应及非线性光学效应等特性，在集成电路新型晶体管、存储器及声学器件中有广泛的应用，如表 3-7 所示。本节重点介绍铁电材料 NCFET、FeRAM（铁电随机存储器）和 FeFET 的研究和应用进展。

表 3-7 铁电薄膜材料的物理效应和应用

物 理 效 应	应 用
铁电性	FeRAM、NCFET、FeFET、铁电神经网络组件
介电性	DRAM、薄膜电容器、薄膜传感器阵列、微波器件、AC 致电发光器件等
压电性	声表面波器件、微型压电驱动器
热释电性	热释电探测器

续表

物 理 效 应	应 用
电光效应	光波导、空间光调制器、全内反光开关、光偏转器
声光效应	声光偏转器
光折变效应	空间光调制器
非线性光学效应	光学倍频器（二次谐波发生器）

NCFET（见图3-51）是一种新型的低亚阈值摆幅器件，它通过改变静电门控来改变晶体管的表面电位，克服亚阈值摆幅的物理限制，降低器件的功耗。

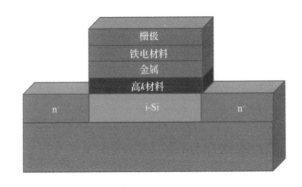

图 3-51　NCFET 结构示意图

2008年，Salahuddin首次提出用铁电材料替代场效应晶体管原有的栅氧化层材料，达到降低电源电压和功耗的目的[232]。制备NCFET最重要的是找到合适的具有负电容特性的铁电材料。NCFET首先使用的是钙钛矿结构材料钽酸锶铋（SBT）和锆钛酸铅（PZT）[233]，但钙钛矿材料薄膜在稳定性、保留时间及与硅材料兼容方面存在问题，并且钙钛矿铁电材料需要高温退火，在芯片制造中可能会超过前道工序器件能承受的最高温度。后来，研究人员开始在NCFET中改用钙钛矿材料体系中的钛酸锶（ST）和钛酸钡（BT）[234]。这些材料最大的优点是具备高介电常数，但存在与硅制程的兼容的问题，在制造方面存在严重的限制。氧化铪是目前发现的非钙钛矿体系材料中仅有的在硅和二氧化硅上具有热力学稳定性的金属氧化物之一，并能够作为低泄漏介电绝缘体提供足够的带隙，适合直接和硅连接构成电子器件。2011年，有研究人员发现在不同退火温度下掺杂不同的元素，如Y、Zr、Al、Si，HfO_2能够表现出负电容特性[235,236]。从2013年开始，氧化铪基薄膜作为铁电材料应用到NCFET的研究中，并逐渐成为研究的热点。近些年，基于氧化铪基薄膜的NCFET的研究取得了较大进展。2018年，Chen等人在基于铁电氧化铪薄膜NCEFT的研究中，发现了NCFET的跨导优于本征FET[237]。Kwon等人基于掺杂锆氧化铪铁电薄膜，在一定条件下实现了最小亚阈值摆幅低于20mV/dec的NCFET[238]。2019年，Chen和Liu等人基于掺杂铝氧化铪铁电薄膜，实现了最小亚阈值摆幅为12mV/dec的NCFET[239]。

铁电材料也被用于FeRAM中。FeRAM由上、下两金属电极和夹在中间的铁电层材料组成，其工作原理是利用铁电薄膜材料剩余的极化双稳态，具有非易失性、高速度、高密度、抗辐射等优点，是信息存储领域继传统场效应晶体管后的一个新突破，被认为是半导体存储器的终结者[240]。ABO_3型PZT薄膜和铋层状SBT薄膜是铁电存储器最主要的两种材料。早期由于材料生长技术的限制，铁电存储器中的铁电层材料厚度太大（>100nm），因此无论在何种情况下铁电材料的电导率都相对较低，直到最近几年使用铁电材料才可以制造几纳米或十几纳米厚度的薄膜，对基于铁电材料的器件的研究再次焕发活力。FeFET作为非破坏读出铁电存储器的存储单元，是由铁电薄膜替代常规场效应晶体管的栅介质层构成的。FeFET最大的优势在于读取过程无须改变铁电材料的极化特性，属于非破坏性数据读出。FeFET凭借更快的读写速度、更低的功耗及较强的抗辐射性能等优势成为最具发展潜力的新型存储器之一。此外，FeFET具有多级电导状态[241]，已被用于模拟突触特性，证明了突触学习规则[242,243]，因此适用于神经形态计算领域。

尽管FeFET的发明与MOSFET器件的实用化都是在20世纪50年代完成的，但是直至现在，FeFET仍停留在实验室阶段。典型FeFET的结构如图3-52所示。铁电材料的退极化、栅极漏电，以及缺乏能够使器件尺寸缩小的铁电材料都限制了FeFET的应用，科研人员一直没有停下对合适铁电材料的寻找。早期使用的铁电材料主要是$BaTiO_3$、$BaMgF_4$、$PbTiO_3$等[244,245]。为了使FeFET具有优良的性能，铁电材料需要具备较小的介电常数、适中的铁电极化强度、较低的晶化温度、良好的疲劳性能和绝缘性能等特性。基于上述要求，FeFET 的铁电薄膜材料开始使用 Sr(Bi,Ta)$_2$O$_9$、(Bi,La)$_4$Ti$_3$O$_9$（BLT）、Pb(Zr,Ti)O$_3$（PZT）、BiFeO$_3$（BFO）和 Sr$_2$(Ta,Nb)$_2$O$_7$ 等材料。SBT 和 BLT 具有较小的漏电流和良好的疲劳性能、适中的介电常数，但是其不足之处在于介电常数较大，晶化温度过高。BFO 和 PZT 具有较低的晶化温度，但是疲劳性能较差。Sr$_2$(Ta,Nb)$_2$O$_7$ 材料具有良好的漏电流性能、较低的介电常数和低的极化强度，但是过高的结晶温度严重限制了其在硅基 FeFET 中的应用[246]。2011 年，研究发现掺杂 Si 的 HfO$_2$ 薄膜具有铁电性，给 FeFET 带来了新的机遇。HfO$_2$ 能够与 CMOS 工艺兼容，具备大规模生产的潜力，此外，相比 PZT 和 SBT 有更大的矫顽电场和更低的陷阱浓度，更利于数据保持。除 Si 元素外，Gd、La、Sr、Zr 等元素的掺杂也能使 HfO$_2$ 产生铁电性。HfO$_2$ 基铁电薄膜与硅集成电路工艺高度兼容的优势使得其极具应用前景，是突破铁电存储器发展技术瓶颈的关键。目前，对 HfO$_2$ 基铁电薄膜的研究主要集中在高质量薄膜的制备、铁电性能微观机理的研究及器件应用性能的研究等方面。通过 ALD、PLD、CVD 等薄膜制备方法生长出了高质量的 HfO$_2$ 基铁电薄膜[247-249]，并且在掺杂元素[250,251]、调控膜厚和退火条件[252,253]等材料性能优化手段，以及漏电流机制[254,255]、保持特性和抗疲劳性能[256,257]等器件性能方面进行了深入研究。目前还有研究使用其他的金属氧化物作为铁电薄膜或插入层，例如，ZrO$_2$ 具有非常好的疲劳特性和保持特性[258,259]，引入 ZrO$_2$ 薄膜制备可在高温下操作且耗电小的器件[260]等。

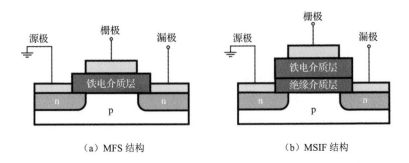

图 3-52 典型 FeFET 的结构

在 NCFET 和 FeFET 等器件的材料研究中可通过高通量方法进行铁电薄膜材料组分（如在氧化铪中掺杂元素）和制备条件（如温度）的研究，快速寻找性能最优的组合，甚至寻找新型铁电材料。高通量 PVD、ALD 等技术也都可以用来生长铁电薄膜，加快铁电材料的研发进程。Ohkubo 等人在具有温度梯度变化的基板上生长 $Sr_xBa_{1-x}Nb_2O_6$ 铁电薄膜，快速寻找在 200～830℃的温度范围内 PLD 工艺中铁电薄膜生长的最优温度[261]，如图 3-53 所示。利用该技术他们仅用一批薄膜生长实验就确定了 750℃的最优薄膜生长温度并清楚地观察到光学性质和铁电畴结构随生长温度的变化。

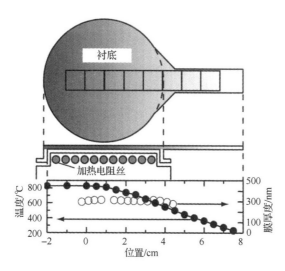

图 3-53 利用高通量实验技术研究铁电薄膜生长的最优温度[261]
（实心圆表示基板上的温度；空心圆表示获得的膜厚度）

2008 年，Kim 等人通过使用配备有自动快门的多靶射频磁控溅射对 Bi_2O_3/CeO_2/TiO_2 多层材料进行固态混合，制备了铁电 $Bi_{4-x}Ce_xTi_3O_{12}$ 薄膜库，发现 $Bi_{3.85}Ce_{0.15}Ti_3O_{12}$ 具有最大的剩余极化，如图 3-54 所示[262]。得益于材料基因组技术对材料研究进程的加速，应用于集成电路的铁电薄膜材料的研究将迎来更快速的突破。

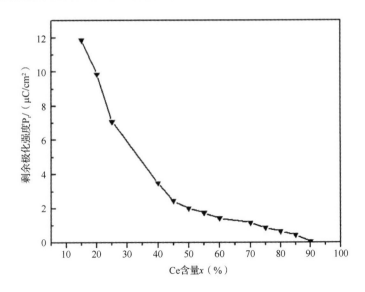

图 3-54　在 15 V 的电压下，$Bi_{4-x}Ce_xTi_3O_{12}$ 的剩余极化强度与 Ce 含量的关系[262]

铁磁材料是指在受到外磁场作用时会显示很强磁性的材料，如铁、钴、镍及其部分合金以及稀土族金属及其部分氧化物。铁磁材料有很大的磁导率及很明显的磁滞效应（磁感应强度的变化总是滞后于磁场强度）。高磁导率是铁磁材料应用广泛的主要原因。铁磁材料可分为硬磁材料、软磁材料和矩磁材料。硬磁材料主要指磁化后不易退磁的铁氧体材料，常用于制作永久磁铁、扬声器的磁钢和电子电路中的记忆元件；软磁材料是指具有较低顽力和高磁导率的磁性材料，易于磁化和退磁，广泛应用于电工设备和电子设备中，主要包括 Fe 系、FeSiAl 系和 FeCo 系（FeCo 是 MRAM 中重要的铁磁材料）的硅钢片和坡莫合金，铁氧体软磁晶体材料（如 MnZn 系、NiZn 系和 MgZn 系等），以及最近发展的不同形态的纳米晶软磁合金（纳米粒、纳米线和纳米薄膜等）；矩磁材料实际上是一种软磁材料，其特点是磁滞回线呈矩形，常用于制作电子计算机中存储元件的环形磁芯。

高通量研究技术方法早已应用于铁磁材料的研究。本章 3.1.1 节已经详细介绍了 MRAM 磁性材料高通量筛选，在此不再赘述。除此之外，2004 年，Famodu 等人为了克服传统的磁机械设备和传感器中 Ni-Mn-Ga 系铁磁形状记忆合金的脆性问题，使用基于薄膜的高通量制造和检测技术绘制了 Ni-Mn-Al 三元铁磁形状记忆合金（FMSA）的物理特性图（见图 3-55），发现了在三元 Ni-Mn-Al 合金体系中存在铁磁和马氏体共存的区域[263,264]。

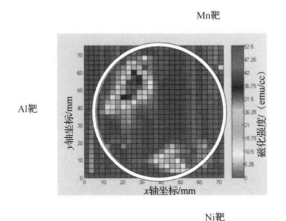

（a）散布 Ni-Mn-Al 晶片的扫描 SQUID 图
（晶片被分为 1.75mm×1.75mm 的正方形网格阵列以便显微镜检测磁化强度的变化）

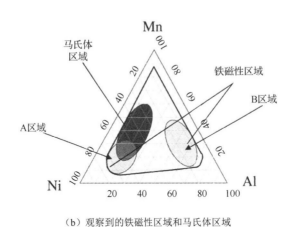

（b）观察到的铁磁性区域和马氏体区域

图 3-55　Ni-Mn-Al 三元铁磁形状记忆合金的物理特性图[265]

Elif 等人利用材料基因组技术，通过高通量实验和高通量计算相结合研究了几类材料体系[265]，包括 Heusler 合金 Ni-Mn-In，其中铁磁性奥氏体和顺磁性马氏体之间的相变引起了磁热效应（见图 3-56）。该研究的最终目标是设计具有较大磁热响应的新型材料。在该研究中高通量实验和高通量计算紧密结合用以设计并发现最有前途的材料，该材料应具有以下特性：①表现出巨大的磁/弹性热响应；②温度范围宽；③具有最小的磁滞效应；④具有最小的热循环引起的性能失效。材料特性的评估使用第一性原理计算和新开发的现象模型预测耦合应力/磁性/温度响应。

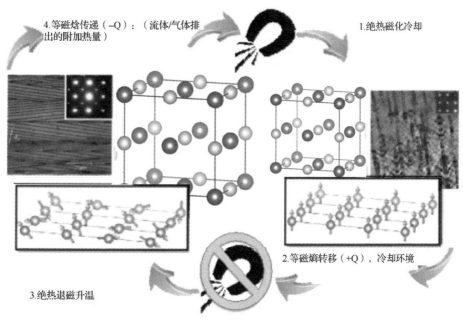

图 3-56　基于材料基因组技术的超磁性形状记忆合金固态磁制冷原理图[265]

该研究团队建立了计算框架，用于计算晶格对熵的贡献。当前的方法是将现有的第一性原理代码和开源软件 PHONOPY 集成在一起，利用内部开发的例程集，从声子谱计算晶格熵。目前，晶格熵框架基于准谐波描述，将来可能会进一步扩展。该研究正在评估 Ni_2FeGa 和 NiTi 形状记忆合金的计算框架。在实验中已经完成了应力/应变测量的设置，并对这两种材料进行了应力/应变/温度的测试。测试结果表明，材料的温度变化与材料之间的熵差密切相关。晶格取向（011）的 Ni_2FeGa 的平均温度下降为 7.6℃，晶格取向（001）的 Ni_2FeGa 的平均温度下降为 8.5℃，晶格取向（148）的 NiTi 的平均温度下降为 12.2℃，晶格取向（112）的 NiTi 的平均温度下降为 13.2℃。由此可见，使用材料基因组技术能够找到具有较大磁热响应的铁磁材料，并将其应用于磁制冷技术中。磁制冷技术为发电、供热和制冷等提供了截然不同的能源解决方案。

多铁材料是指同时具有铁电性和铁磁性（或铁弹性）的材料，其在外电场下能自发电极化，并且能随外电场而反转；在外磁场下能自发磁极化，并且能随外磁场而反转。多铁材料能将电极化和磁极化通过磁电耦合作用联系起来，多应用于存储信息、高灵敏度的传感器及自旋电子等器件，极大地推动了多功能集成器件的发展。然而铁电性和铁磁性是互斥的，对于铁磁性而言，磁矩和磁有序要求 d 轨道上占有电子，而铁电性却需要 d 轨道上没有电子并保持电子偏离中心位置而实现正负电荷中心的不重合。这导致了同时具有铁磁性和铁电性及强磁电耦合作用的天然多铁材料很少。得到多铁材料的方法有：对钙钛矿结构进行点对点的设计诱发铁电性和铁磁性[266]，通过几何驱动实现长程偶极-偶极交换，负离子交替驱使体系趋于稳定的铁电状态[267]，磁性诱导产生铁电性[268,269]，用铁电材料和铁磁材料组合成多铁复合材料[270]等。目前多铁材料有 $BiFeO_3$（BFO）、$REMnO_3$、$CoCr_2O_4$、$BiMnO_3$、$BaTiO_3$、$LiNbO_3$ 及一些复合材料等。

当下，为了追求更紧凑的磁电器件，人们对薄膜多铁材料展开了大量的研究。由于薄膜多铁材料的性能与材料组成及各成分的厚度等参数有关，需要进行大量的对比实验进行研究，因此很多研究人员提出了一些包括高通量技术方法在内的新型研究方法。2004 年，Chang 等人采用一种高通量研究方法设计了一系列具有不同组成和厚度的薄膜结构用以研究并制造同时具备铁电性和铁磁性的材料。他们采用连续成分分布方法，设计了一种新奇的分布方式，解决了实验中材料成分、铁电层和铁磁层厚度等大量参数的优化问题，这种有效的实验方法可以系统地优化体积比以获得最大的磁电效应（见图 3-57）[271]。

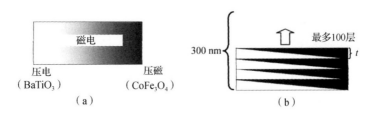

图 3-57　结构组成原理图[271]

（每个楔形物的厚度可以从小于一个单位晶胞变化到最厚处的多个单位晶胞，总厚度为 300nm）

2005 年，Gao 等人提出了一种基于扫描瞬逝微波显微镜的可以定量测量多铁薄膜材料磁电系数的测量方法，量化地研究了多铁薄膜材料磁电耦合的性质（见图 3-58）[272]，其技术优点为空间分辨率高，并且可以同时测量其他相关属性，如非线性介电常数、薄膜样品至 10mV/cm Oe 的磁电系数。Murakami 等人采用高通量的研究方法，报道了 $PbTiO_3$（PTO）-$CoFe_2O_4$（CFO）多铁纳米复合材料的合成，通过薄膜平均组成成分对薄膜的铁电和铁磁性能进行连续的调整（见图 3-59），并在 $(PbTiO_3)_{85}$-$(CoFe_2O_4)_{15}$ 处观察到强磁性及最高的介电常数和非线性介电信号[273]。

此外，Murakami 等人还通过 PLD 技术在 $LaAlO_3$、$SrTiO_3$ 和 $NdGaO_3$ 衬底上生长单相外延薄膜，从而研究外延 $BiCrO_3$ 薄膜的生长和多铁性，从研究结果中发现薄膜显示出弱的铁磁性，以及在室温下可调的压电响应和介电常数[274]。由于多铁薄膜材料的性能与很多因素有关，需要大量的对比研究实验，采用材料基因组技术和高通量计算及高通量实验可以加速铁电薄膜材料的研究，助力寻找其最优组合。

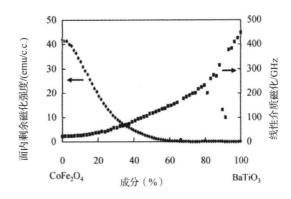

图 3-58　线性介质磁化和面内剩余磁化强度与成分和每个楔形层的厚度的变化关系曲线[271]

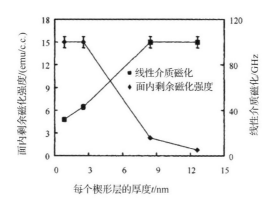

图 3-58 线性介质磁化和面内剩余磁化强度与成分和每个楔形层的厚度的变化关系曲线[271]（续）

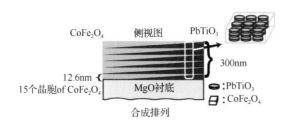

图 3-59 利用 PTO-CFO 超晶格成分分布技术设计的磁电材料的组成示意图[273]
（每个楔形层的厚度为 12.6nm，对应 15 个 CFO 晶胞。
薄膜的平均成分从纯 PTO 到纯 CFO 连续变化）

综上所述，在众多的具有多元组分或多层堆栈结构的薄膜材料体系（包括新型存储材料，射频压电材料，高 k 介质材料，铁电、铁磁和多铁材料等新材料）的研究和应用发展进程中，始终贯穿材料基因组的理念及方法，并起到了一定的创新推动作用。功能材料将向多组分、超薄、高稳定性等方向发展，同时面临芯片工艺精细化、集成化带来的应用环境挑战。材料基因组技术若能得到充分利用，将对逻辑电路、存储电路、射频电路中至关重要的功能材料的创新起到关键支撑作用。

3.2　工艺材料的发展趋势及材料基因组技术的应用前景

本节首先介绍光刻材料、抛光材料、湿化学品、溅射靶材、Mo 源等关键集成电路先进工艺材料的特点和技术瓶颈等[275,276]，然后总结分析材料基因组技术的应用前景。

3.2.1　光刻材料

光刻材料包括光刻胶、光刻胶辅助材料、光刻胶专用试剂。光刻胶是光刻工艺的核心材料，是由成膜树脂、感光组分、微量添加剂（染料、增黏剂等）和溶剂等成分组成的对光敏感的混合液体；光刻胶辅助材料包括增黏剂、抗反射层（ARC）、碳膜涂层（SOC）等。随着集成电路技术的不断发展，特别是器件从平面结构向三维立体结构的转变，例如，逻辑器件转向 FinFET 或 GAA 结构，闪存器件从 2D NAND 转向 3D NAND，加之传统封装向先进封装转变，这些都对光刻技术，包括光刻材料提出了新的技术要求：第一，需要光刻技术满足不断提高的分辨率要求；第二，需要光刻材料满足器件不平整的三维衬底结构在平坦化和抗反射方面的需求；第三，随着 3D NAND 存储器堆叠层数的不断增加，为了满足单层光刻多次台阶刻蚀和深层结构刻蚀的要求，光刻胶在吸光性、应力及黏度等方面面临着不断升级的新挑战。

目前，全球芯片工艺水平已跨入微纳米级别，光刻胶的波长由紫外宽谱（300~450nm）逐步发展至 G 线（436nm）、I 线（365nm）、KrF（248nm）、ArF（193nm），以及最先进的 EUV（<13.5nm）。光刻胶的种类、应用领域及特性如表 3-8 所示。

表 3-8 光刻胶的种类、应用领域及特性

种 类		应 用 领 域	特 性
紫外宽谱光刻胶	正性	分立器件	用于二极管、三极管等的制造；工艺线宽较大（>5μm），要求光刻胶具有优异的工艺适应性；酚醛树脂为成膜树脂，吸收峰在长波位置的化合物为光敏剂
		集成电路封装	用于凸点、再布线、硅 TSV 等工艺；需要较厚的光刻胶膜厚（20～100μm），同时要求光刻胶具有较高的敏感度，或者抗电镀液腐蚀的能力；对分辨率的要求不高（>10μm）
	负性	分立器件	环化橡胶为成膜树脂，双叠氮化合物为交联剂；对分辨率的要求不高（>5μm）；需要较好的抗湿法腐蚀性能
		集成电路封装	用于凸点、再布线等工艺，主要是丙烯酸树脂体系的负性胶；透光性好，可以在较厚的膜厚下保持光刻胶的形貌及高敏感度；对分辨率的要求不高（>5μm）
		MEMS	环化橡胶为成膜树脂，对分辨率的要求不高（>10μm），厚度要求在 20～100μm；需要较大的高宽比，优异的热稳定性及机械性能
G 线光刻胶	正性	分立器件	用于二极管、三极管等的制造；酚醛树脂为成膜树脂，吸收峰在 G 线附近的化合物为光敏剂；该分辨率比紫外宽谱正性光刻胶的分辨率要高，可以达到微米级
		集成电路封装	用于凸点、再布线、硅 ISV 等工艺；需要较厚的光刻胶膜厚（20～100μm），同时要求光刻胶具有较高的敏感度，或者抗电镀液腐蚀的能力；对分辨率的要求不高（>10μm）
	负性	集成电路	与紫外宽光谱负性光刻胶类似，酚醛树脂为成膜树脂，主要区别是其中的光致产酸剂对 436 光谱有更强的吸收性
I 线光刻胶	正性	集成电路	与 G 线光刻胶类似，属于酚醛树脂/重氮萘醌体系，其特点是分辨率高，与 G 线光刻胶的主要区别在于光敏剂吸收峰位于 365nm 附近，酚醛树脂的结构也不同；分辨率为 0.5μm 的普通 I 线光刻胶用于关键层，分辨率达 0.35μm 的高分辨 I 线光刻胶用于关键层，厚膜光刻胶（3～5μm）用于钝化层
	负性	集成电路	属于以酚醛树脂为成膜树脂的负性光刻胶体系，与紫外宽谱负性光刻胶相比，光致产酸剂吸收峰主要在 365nm 附近

续表

种　类		应用领域	特　性
KrF 光刻胶	正性	集成电路制造	KrF 为曝光光源；苯乙烯丙烯酸类聚合物为成膜树脂，吸收峰在248nm附近；以有机酸为光致产酸剂，产能的光酸可以重复使用，因而具有化学放大作用；敏感度高（约 30mJ），分辨率高，可用于 0.13～0.35μm 工艺；结合分辨率增强技术，可用于 0.11μm 工艺，甚至可用于 90nm 工艺
	负性	集成电路制造	KrF 为曝光光源；由于光致产酸剂产生的光酸催化了交联反应，从而使光刻胶在显影过程中留了下来；分辨率可达 0.13μm；可用于一些特殊工艺
ArF 光刻胶	正性（干）	先进集成电路制造	ArF 为曝光光源；丙烯酸类聚合物为成膜树脂，并引入刚性分子基团以提升抗蚀性；吸收峰在 193nm 附近，以有机酸为光致产酸剂，采用化学放大技术；敏感度高（约 30mJ），分辨率高，可用于 60～90nm 工艺；结合分辨率增强技术，可用于 45nm 工艺；线宽均匀度（LWR）<4nm
	正性（湿）	先进集成电路制造	ArF 为曝光光源；树脂和光致产酸剂结构需要进一步优化，以便达到更高的分辨率（约 38nm），光致产酸剂吸收峰仍在 193nm 附近，仍采用化学放大技术；敏感度高（约 30mJ）；结合分辨率增强技术，可用于 32nm/28nm 工艺；若采用多次图形技术，则可以实现 20nm/14nm 工艺；线宽均匀度（LWR）<2.5nm
EUV 光刻胶	正性	先进集成电路制造	EUV 为曝光光源；分为化学放大型、分子玻璃型与金属氧化物型 3 类；与传统的 248nm 光刻胶和 193nm 光刻胶不同的是，该光刻胶中所有组分都对 EUV 有吸收性，产酸机理更为复杂；由于曝光在真空中进行，要求光刻胶在曝光过程中有较少的析出物；作为下一代光刻技术的备选方案，预计 EUV 光刻胶将在 10nm 以下的技术节点中应用
新型光刻胶材料	电子束光刻胶	掩模版制造	电子束为曝光光源；丙烯酸树脂为成膜树脂；分辨率可达纳米级，曝光量要求为 30～60mC/cm²
	纳米压印光刻胶	纳米压印制造	以丙烯酸树脂为主，再加上引发剂、交联剂、添加剂复配而成；分为热压印光刻胶和紫外压印光刻胶等
	大分子自组装材料	定向自组装光刻	采用化学性质不同的两种单体聚合而成的嵌段共聚物作为原材料，在热退火下分相形成纳米尺度的图形，再诱导成为规则化的纳米线或纳米孔阵列，实现类似光刻的目的；无须光源和掩模版，具有低成本、高分辨率、高产率的优势；已在英特尔公司小批量使用

光刻胶是对综合性技术要求极高的高分子材料，不仅具有有机高分子材料的属性，而且通过材料组分设计与配比可具有选择性感光与抗刻蚀性，可利用超净高纯等工程化技术有效控制光刻胶的金属离子和颗粒杂质，使之满足微纳电子制造对金属离子和颗粒杂质的控制要求。光刻胶的生产具有技术要求高、行业集中度高、产品更新换代快、规模效应强等特点，光刻胶行业进入壁垒高。从事光刻材料业务的国际公司约25家，包括日本公司12家、美国公司7家、欧洲和韩国公司各3家。其中日本东京应化、美国杜邦-陶氏、德国默克和韩国东进4家公司拥有光刻胶、光刻胶辅助材料和光刻胶专用试剂等综合业务。我国光刻胶的研究始于20世纪70年代，最初阶段与国际水平相差无几，几乎和日本同时起步，但由于种种原因，差距愈来愈大。目前我国在这一领域的研究与国际先进水平相比有较大的差距，仍处于追赶阶段。

当前，高端光刻胶技术存在许多技术挑战，主要表现为以下三个方面。

（1）光刻胶材料与工艺配方设计技术复杂。

光刻胶材料与工艺配方设计技术水平取决于对光刻胶各组分材料性能及其相互作用机理的把握，需要掌握各组分在特定波长光源曝光、显影、后续刻蚀、剥离等工序的反应特点，匹配光刻胶产品应用性能要求，掌握高分子感光材料设计与合成技术，积累大量的曝光与刻蚀试验数据，还需要规避现有国际光刻胶公司的知识产权。

（2）成膜树脂和光敏剂设计与合成技术亟待系统性突破。

成膜树脂和光敏剂是光刻胶的主要原材料，需要根据光刻胶配方的特殊功能需求进行设计，二者的功能测试需要通过光刻胶的光刻工艺测试来完成。

（3）规模化原材料纯化技术有待提高。

光刻胶产品对金属离子含量的要求通常要达到 ppb 级，甚至是 ppt 级。解决树脂单体、成膜树脂、光敏剂及各种添加剂等原材料的纯化问题，才能有效减小光刻胶产品的金属离子含量。

3.2.2 抛光材料

CMP 工艺是制造集成电路芯片的关键工艺之一。CMP 工艺从 0.35μm 技术节点开始应用并逐步推广使用。最初，CMP 工艺仅用于对二氧化硅和钨金属互连的平坦化处理。随着集成电路工艺技术节点尺寸的不断缩小，互连层数的不断增加和新材料、新工艺的应用，衬底硅片、多晶硅、铝金属互连、铜金属互连、阻挡层、浅沟道隔离层、高 k 金属栅结构等的平坦化要求被提上日程，CMP 工艺也得到广泛开发和应用。不同技术节点 CMP 工艺处理的关键材料如图 3-60 所示。

年份：1999年	2002年	2007年	2009年	2012年	2015年	2018年	2020年
节点：180nm	130nm	45/40nm	32/28nm	22/20nm	14nm		10nm
硅晶圆	硅晶圆	硅晶圆	硅晶圆	硅晶圆	硅晶圆		硅晶圆
SOI晶圆	SOI晶圆	SOI晶圆	SOI晶圆	SOI晶圆	SOI晶圆		SOI晶圆
ILD积淀直接浅沟道隔离	D-STI	D-STI	D-STI	D-STI	D-STI		D-STI
金属前介质层	金属前介质层	金属前介质层	金属前介质层	金属前介质层	金属前介质层		金属前介质层
钨触点	钨触点	钨触点	钨触点	钨触点	钨触点		钨触点
	铜阻挡层	铜阻挡层	铜阻挡层	铜阻挡层	铜阻挡层		铜阻挡层
		选择性氮化	选择性氮化	选择性氮化	选择性氮化		选择性氮化
		选择性PMD	选择性PMD	选择性PMD	选择性PMD		选择性PMD
		铝金属栅极	铝金属栅极	聚合物	聚合物		聚合物
				钨金属栅极	钨金属栅极		钨金属栅极
				SiC/SiN	SiC/SiN		SiC/SiN
					钴阻挡层		钌、钴阻挡层
					锗沟道		锗沟道
							III-V族沟道

图 3-60 不同技术节点 CMP 工艺处理的关键材料

CMP 工艺应用的材料主要包括抛光液、抛光垫和修整盘等，其中抛光液和抛光垫约占 60% 和 30%，是 CMP 工艺技术和成本的核心。抛光液是决定 CMP 工艺性能最终良率最为关键的材料，一般由纳米级固体磨料颗粒（如纳米级二氧化硅、三氧化二铝、氧化铈等）和一些特殊化学试剂（如氧化剂、催化剂、金属络合物、表面抑制剂、表面活性剂、酸碱调节剂等）组成。二氧化硅抛光液具有选择性和分散性好的特点，机械磨损性能较好，化学性质活泼，抛光后清洗过程的废液处理较容易,使用范围非常广泛。氧化铈抛光液对介质层的抛光率高,对氧化硅和氮化硅有很好的选择比,广泛应用于存储器的介质层抛光和逻辑产品的浅沟槽隔离层抛光。纳米氧化铝抛光液对钨、铝等金属薄膜有很好的平坦化作用。抛光垫的材料通常为聚氨酯或聚酯中加入饱和聚氨酯,关键性质主要有硬度、多孔性、填充性及表面形态结构等。不同集成电路工艺所需要的抛光液种类和特点如表3-9所示。

表3-9 不同集成电路工艺所需要的抛光液种类和特点

种 类	特 点
介质层抛光液	在对介质层进行抛光和平坦化时,一般要求较高的二氧化硅抛光速率和低的表面缺陷率
浅沟槽隔离层抛光液	通常由纳米二氧化铈颗粒组成,具有高 $Si_3N_4:SiO_2$ 研磨速率选择比、最小化凹陷和磨蚀、快速平坦化效率等优点
金属钨抛光液	钨抛光包含两步,第一步抛光钨和阻挡层,第二步用钨缓修抛光液消除钨栓塞凹陷。在第一步中抛光液需要对钨和阻挡层有较高的抛光速率,在第二步中抛光液需要对表面有全局平坦化的作用,并对凹陷/磨蚀和表面缺陷的要求很高
金属铜抛光液	对铜有较高的抛光速率并停止在阻挡层上
阻挡层抛光液	对阻挡层的各层材料和铜有相同的去除速率,对表面实现局部和全局平坦化
金属铝抛光液	需要对很软的铝进行抛光,在去除多余的铝后停在栅电介质上,在保持高的去除速率的同时避免缺陷的产生是金属铝抛光液很大的挑战
TSV抛光液	对各种材料保持高度均匀的抛光速率
硅抛光液	硅表面抛光过程分为粗抛和精抛。粗抛光液的特点是去除硅片表面由前道加工工序残留的表面损伤,并达到要求的几何尺寸加工精度,因此需要有极高的抛光速率。精抛光液的特点是进一步提高硅片表面平整度及降低粗糙度,获得器件加工要求的表面质量,因此需要有极高的表面平整度,并严格控制表面缺陷。硅抛光液的重要特点还有可以严格控制抛光液中的金属杂质含量

随着集成电路制造技术在不断挑战微纳制造极限中持续发展,CMP工艺也在挑战中不断前行,新技术和新材料的应用对抛光材料提出了诸多新的需求,主要体现在以下三个方面。

(1)抛光材料更趋于多样化。

先进集成电路制造技术已经突破10nm技术节点,多种新技术和新材料将被应用，例如，钴金属可能取代钨金属用作接触孔互连，传统的沟道材料可能被硅锗或其他材料所取代。另外，芯片的集成度不断提高，金属布线层逐渐增多，对硅片表面平整度的要求不断提高，CMP 抛光的步骤也随之增加。例如，进入 10nm 技术节点以后，逻辑器件工艺步骤达到约 25 次，使用的抛光液将从 90nm 技术节点的 5~6 种增加到 20 种以上。

（2）更精确的 CMP 工艺控制。

22nm 技术节点引入的 FinFET 不仅增加了 CMP 工艺的步骤，更对 CMP 工艺的控制精度提出了更高的要求。FinFET 中鳍片（Fin）的工艺水平严重依赖二氧化铈抛光液的 CMP 工艺来满足关键的平坦化要求，需要基于不同的化学组合抛光液，并配合 CMP 抛光垫的精确设计才能准确地实现对 Fin 结构的无损抛光。CMP 工艺在 5nm 以下的技术节点将遇到各种更高难度的挑战，这将对抛光材料提出更多前所未有的高难度技术要求。

（3）满足定制化需求。

后摩尔时代，随着各种新器件和新结构的不断涌现，CMP 抛光材料供应商与芯片制造厂商协同开发新技术、新工艺成为技术竞争的必然，对抛光材料的需求出现了定制化的趋势和特征。例如，MRAM、PCRAM、RRAM 等新型存储器与MEMS 压电器件及新型量子器件等的发展和应用迅速，需要开发针对新材料的抛光工艺及材料。

一直以来，开发抛光材料面临的关键技术与瓶颈主要体现在：抛光液配方技术复杂，掌握这类核心技术需要长期和大量的技术积累，并对配方中涉及的各类材料的基础和应用有深刻的研究，包括纳米磨料的使用和控制、各类抛光材料的化学反应机理、胶体稳定技术、表面催化技术及抑制技术等；抛光垫基材配方及沟槽的设计加工难度高，理论基础有待完善；抛光材料的质量及性能需要在芯片抛光工艺上进行工艺测试，产品开发及迭代需要与芯片厂形成对接。

3.2.3 湿化学品

湿化学品是集成电路湿法工艺过程中不可缺少的关键基础化工材料，主要用于清洗、刻蚀、电镀和表面处理。湿化学品的一般要求是超高的纯度和超高的洁净度，对生产、包装、运输及使用环境的洁净度也有极高的要求。湿化学品按照组成成分和应用工艺分为通用高纯化学品和功能化学品。通用高纯化学品包括氢氟酸、硫酸、磷酸、盐酸、硝酸、氨水、四甲基氢氧化铵、过氧化氢等，主要用于清洗去除颗粒、有机残留物、金属离子、自然氧化层等污染物及每个工艺步骤中的半成品上可能存在的杂质。功能化学品是具有某种特殊功能、满足集成电路制造中特定工艺需求的配方类化学品，包括各类刻蚀液、电镀液及其添加剂、清洗液等，主要应用于集成电路制造和封测领域。湿化学品的类别及品名如表 3-10 所示。

表 3-10 湿化学品的类别及品名

类 别			品 名
通用高纯化学品	酸类		氢氟酸、硝酸、盐酸、磷酸、硫酸、乙酸、乙二酸等
	碱类		氨水、氢氧化钠、氢氧化钾、四甲基氢氧化铵等
	有机溶剂类	醇类	甲醇、乙醇、异丙醇等
		酮类	丙酮、丁酮、甲基异丁基酮等
		脂类	乙酸乙酯、乙酸丁酯、乙酸异戊酯等
		烃类	苯、二甲苯、环己烷等
		卤代烃类	三氯乙烯、三氯乙烷、氯甲烷、四氯化碳等
	其他类		过氧化氢等
功能化学品	刻蚀液		缓冲氧化物刻蚀液（BOE）、硅刻蚀液、高选择比磷酸、铝刻蚀液、铜刻蚀液
	电镀液及其添加剂		铜电镀液及添加剂、其他金属电镀液及添加剂
	清洗液		CMP 抛光后清洗液、铝工艺刻蚀后清洗液、铜工艺刻蚀后清洗液、HKMG 假栅去除后清洗液、去溢料清洗液等

制约湿化学品发展的关键技术与瓶颈主要包括化学品纯化技术、产品分析检测技术、功能化学品配方开发技术等。

（1）超高纯湿化学品纯化技术需要继续提升。

制备超高纯湿化学品的常用纯化技术主要是通过精馏、蒸馏、亚沸蒸馏、等温蒸馏、减压蒸馏、低温蒸馏、升华、气体吸收、化学处理、树脂交换、膜处理等方式分离产品中的金属杂质，确保产品的纯净度。

（2）产品分析检测技术需要加快协同发展。

产品分析检测技术主要包括颗粒度分析、金属杂质分析和非金属杂质分析等。随着集成电路芯片特征尺寸越来越小，对湿化学品种的颗粒控制、金属杂质和非金属杂质的控制越来越严，分析检测仪器、分析检测方法、分析检测标准、检测仪器标定等需要系统性提升。

（3）功能化学品配方开发技术亟待提升。

刻蚀液、清洗液、电镀添加剂等多数功能化学品是复配混合物，配方开发技术是该类产品的核心。刻蚀硅、氧化硅、铝、铜等需要不同的刻蚀液，通过调整刻蚀液的配方控制刻蚀速率和刻蚀形貌。CMP 工艺抛光后清洗、铝工艺刻蚀后清洗、铜工艺刻蚀后清洗、HKMG 假栅去除后清洗等需要有效去除残留物的同时保障相关工艺后的结构不被破坏，这也是通过调整配方来实现的。随着工艺线宽不断缩小，同一类功能化学品也需要进行配方调整以适应工艺升级的要求，特别是电镀添加剂，通过调整配方以解决小孔电镀的难题是技术关键。

3.2.4　溅射靶材

高纯金属及其合金靶材（包括蒸发材料）作为集成电路互连线及接触层、阻挡层的配套材料，在不同的技术节点有不同的要求。常用靶材类别及其纯度和用途如表 3-11 所示。在 90nm 以上的技术节点，互连工艺采用的互连线材料以 Al 及其合金为主，对应的阻挡层材料为 W、Ti、WTi 等。在 90nm 及以下的技术节点，铜互连的大马革士工艺成为主流，对应的阻挡层材料为 Ta。随着 45nm 及以下技术节点的发展，纯铜的电迁移率问题愈显严重，掺杂 Al、Mn 等元素的铜合金成为互连工艺的重要发展方向，特别是 CuMn 合金，能够有效抑制电迁移、提高铜种子层的稳定性和均匀性，是 28nm 及以下技术节点主要的互连材料。同时，在 45nm 及以下技术节点，晶体管发生了革命性的变化，即引入了高 k 金属栅材料，而采用 Ti、Ta、TiAl 等金属代替多晶硅制作栅极材料成为靶材的重要应用领域，有力缓解了摩尔定律持续微缩导致的栅极漏电问题，并一直沿用到当前的 7nm 技术节点。在 10nm 及以下技术节点，有可能还会引入新金属钌（Ru），增加对高纯贵金属 Ru 靶材开发的需求。在更小的 7nm 及以下技术节点，在互连的关键金属层上，预计将用 Co 代替 Cu 作为互连导线使用。

表 3-11 常用靶材类别及其纯度和用途

靶材类别		纯 度	用 途
铝靶	纯铝靶、铝硅合金靶、铝铜合金靶、铝钛合金靶、铝硅铜合金靶、铝硅锰合金靶、铝锰合金靶等	4N～5N5	铝互连线的主要配套材料
钛靶	纯钛靶、钛硼合金靶、钛铝合金靶等	3N～5N	用作芯片铝导线的阻挡层
钨靶	纯钨靶、钨硅合金等	5N	存储器栅结构主要使用的靶材
镍靶	纯镍靶	4N～5N	用作芯片铝导线的阻挡层
钽靶	纯钽靶	3N5、4N、4N5 等	用作芯片铜互连线的阻挡层，阻止铜原子向基体硅中的扩散
铜靶	纯铜靶、铜铝合金靶、铜锰合金靶等	4N、4N5、5N 和 6N 的 4 个级别	铜互连线的主要配套材料
钴靶	纯钴靶	5N	钴互连线的主要配套材料
贵金属靶	金	≥4N	圆片背面金属化、芯片互连导线
	银	≥4N	圆片背面金属化、芯片互连导线
	铂及其合金	≥4N	圆片背面金属化、芯片互连导线
	钌及其合金	≥4N5	圆片背面金属化、芯片互连导线

除此之外，稀贵金属（如 Au、Pt、Pd、Ru、Ir 及其合金等）在磁记录存储器和新型非易失性存储器（如 MRAM、PCRAM、FeRAM）中得到了广泛的应用。特种合金靶（如 CoFeB、CoPt、FeCoTa、稀土及合金等）主要应用于下一代存储器，如 MRAM、RRAM 等及 MEMS 微机械加工结构的制造之中。

目前超高纯金属靶材（如 Al、Ti、Cu、Co、Ni 等）采用高温熔化铸造法制备。在大批量熔炼铸造生产中，保障金属及其合金成分均匀无偏析、杂质缺陷可控等方面还有进一步提升的空间；CoFeB、MnIr、Ru 等高纯合金和脆性材料靶材无法通过传统的熔炼铸造方法获得成分均匀、缺陷率低的铸锭，必须通过制取新型高纯粉末，再放入热压机或热等静压机中烧结成型。这种方法不仅需要攻克超高纯粉末提取制备及烧结成型技术，还需要突破靶材密度、纯度、洁净度、颗粒度等方面的控制技术等。

3.2.5　MO 源

金属有机化学气相沉积（MOCVD）、金属有机分子束外延（MOMBE）、ALD 等使用的有机化合物为 MO 源。自 1968 年美国 Rockwell 公司首次在绝缘衬底上成功地生长出 GaAs 单晶薄膜，MO 源技术取得了长足进步。20 世纪 80 年代，美国、日本、英国等先后开发了多种 MO 源，并实现了产业化。目前 MO 源已包括 Zr、Hf、Al、Sb、Cd、Ga、In、Te、Zn、Be、Bi、B、Mg、P、Si、Ta、Ti、W 等 20 余种元素的 60 余个品种。未来高频器件、先进逻辑器件将增大对新型 MO 源材料的需求。MO 源的制备工艺包括合成、蒸馏、配合物纯化等，其中配合物纯化面临的挑战有开发更高性能的吸附剂、选择性能好和寿命长的催化剂、应用组合吸附剂、改进吸附工艺等，以实现配合物的高效纯化。还有一大挑战是 Mo 源有机官能团的种类多，不同金属的最佳 MO 源的分子结构不同，对工艺影响巨大。

上述工艺材料具备诸多的共性特点，如产品种类繁多、成分复杂、配方工艺复杂、产品迭代快、与芯片工艺结合紧密、测试验证成本高昂、周期长等。常规的研发思路是科研院所进行材料基础机理研究，企业完成材料工艺开发及验证。这种研发方式导致产研脱节，数据分散，材料模型难以建立，核心技术仅保存在少数资深专家的头脑中，使得工艺材料难以在短期内得到突破和推广。利用材料基因组技术新型研发范式，通过高通量实验、高能量计算相结合并与芯片工艺线形成联动，建立工艺材料数据库，可以加速突破工艺材料研发和产业化瓶颈。目前，针对工艺的计算模型复杂和算法选择困难，材料组分和性能表征测试需要芯片短流程工艺配合等，导致完成工艺材料基因组数据库需要统筹调动多方科技和产业资源，因此材料基因组技术还未应用于集成电路工艺材料的研发中。

面向未来的发展，以光刻材料的研发为例，工艺材料基因组研究思路设计如下：建立涵盖高通量实验、高通量测试表征、工艺集成、材料-器件性能数据库、高通量计算的材料基因组技术创新体系，建设包含单体材料、光敏材料、树脂材料、光刻胶等光刻材料的基因组数据库，形成材料组分、材料合成方法、曝光刻蚀工艺、材料和芯片性能之间的关联关系材料基因，引入机器学习算法并结合光刻材料的化学原理，形成数据关联模型和知识图谱，根据光刻胶性能需求设计光刻胶配方并进行分析测试，通过多次迭代设计符合集成电路工艺要求的光刻胶材料。图3-61所示为利用材料基因组新型研发范式加快光刻胶材料研发的示意图。

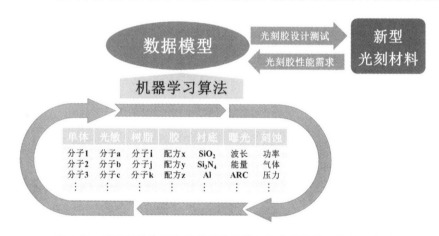

图3-61　利用材料基因组新型研发范式加快光刻材料研发的示意图

在抛光材料基因组方面，建立抛光材料数据库，挖掘抛光液及抛光垫的原材料、配方和合成工艺、材料机理和性能、CMP工艺之间的关联关系，从而筛选出新型抛光材料；在功能化学品研发方面，建立功能化学品材料数据库，将功能化学品的组成成分、有机高分子聚合物种类、平均分子量等材料性能与最终产品的刻蚀速率、清洗效率、电镀速率等性能建立关联，建立数据模型，加快工艺化学品的研发进程；在高纯靶材基因组方面，将材料基因组高通量实验及表征方法运用到高纯靶材成分筛选、工艺合成、杂质缺陷控制等靶材研发流程中,并借助高通量实验技术对靶材进行应用研究,可以实现新型靶材的加速突破;在 MO 源材料基因组方面,建立包含有机官能团-材料特性-工艺特性-器件应用结果的 MO 源基因组数据库,通过机器学习算法找到特定金属的有机官能团组合与相关工艺和器件结果的数据模型,将提高最佳 MO 源的搜索效率。

参考文献

[1] KIM N S,AUSTIN T,BLAAUW D,et al. Leakage Current:Moore's Law meets static power[J]. Computer,2003,36(12):68-75.

[2] LIN C J,KANG S H,WANG Y J,et al. 45nm low power CMOS logic compatible embedded STT MRAM utilizing a reverse-connection 1T/1MTJ cell[C]. 2009 IEEE International Electron Devices Meeting,2009.

[3] BREWER J E,GILL M. Nonvolatile Memory Technologies with Emphasis on Flash[M]. New Jersey:Wiley-IEEE Press,2007.

[4] ZHU J G. Magnetoresistive random access memory:The path to competitiveness and scalability[J]. Proceedings of the IEEE,2008,96(11):1786-1798.

[5] AKINAGA H,SHIMA H. Resistive Random Access Memory(ReRAM)based on metal oxides[J]. Proceedings of the IEEE,2010,98(12):2237-2251.

[6] LI J,LAM C. Phase change memory[J]. Science China Information Sciences,2011,54(5):1061-1072.

[7] YU S. Resistive Random Access Memory(RRAM)[J]. Synthesis Lectures on Emerging Engineering Technologies,2016,2(5):1-79.

[8] COURTLAND R. Spin memory shows its might[J]. IEEE Spectrum,2014,51(8):15-16.

[9] PATRIGEON G,BENOIT P,TORRES L,et al. Design and evaluation of a 28-nm FD SOI STT-MRAM for ultra-low power microcontrollers[J]. IEEE Access,2019,7(c):58085-58093.

[10] LEE Y K,SONG Y,KIM J,et al. Embedded STT-MRAM in 28-nm FDSOI logic process for

industrial MCU/IoT application[C]. 2018 IEEE Symposium on VLSI Technology, 2018.

[11] LEE K, CHAO R, YAMANE K, et al. 22-nm FD-SOI Embedded MRAM technology for low-power automotive-grade-l MCU applications[C]. 2018 IEEE International Electron Devices Meeting, 2018.

[12] LIU Y, YU G. MRAM gets closer to the core[J]. Nature Electronics, 2019, 2 (12): 555-556.

[13] OHASHI T, YAMAGUCHI A, HASUMI K, et al. Variability study with CD-SEM metrology for STT-MRAM: correlation analysis between physical dimensions and electrical property of the memory element[J]. Metrology, Inspection, and Process Control for Microlithography XXXI, 2017, 10145: 101450H.

[14] MIYAZAKI T, YAOI T, ISHIO S. Large magnetoresistance effect in 82Ni-Fe/Al-Al_2O_3/Co magnetic tunneling junction[J]. Journal of Magnetism and Magnetic Materials, 1991, 98 (1-2): L7.

[15] GALLAGHER W J, PARKIN S S P. Development of the magnetic tunnel junction MRAM at IBM: From first junctions to a 16-Mb MRAM demonstrator chip[J]. IBM Journal of Research and Development, 2006, 50 (1): 5-23.

[16] MARK L. Challenges In Making And Testing STT-MRAM[R/OL]. (2019-5) [2020-12-20]. https://semiengineering.com/challenges-in-making-and-testing-mram/.

[17] APALKOV D, DIENY B, SLAUGHTER J M. Magnetoresistive Random Access Memory[J]. Proceedings of the IEEE, 2016, 104 (10): 1796-1830.

[18] MIYAZAKI T, TEZUKA N. Giant magnetic tunneling effect in Fe/Al_2O_3/Fe junction[J]. Journal of Magnetism and Magnetic Materials, 1995, 139 (3): 94-97.

[19] MOODERA J S, KINDER L R, WONG T M, et al. Large magnetoresistance at room temperature in ferromagnetic thin film tunnel junctions[J]. Physical Review Letters, 1995, 74 (16): 3273-3276.

[20] PARKIN S S P, FONTANA R E, MARLEY A C. Low-field magnetoresistance in magnetic tunnel junctions prepared by contact masks and lithography: 25% magnetoresistance at 295K in mega-ohm micron-sized junctions[J]. Journal of Applied Physics, 1997, 81 (8): 5521-5521.

[21] PARKIN S S P, ROCHE K P, SAMANT M G, et al. Exchange-biased magnetic tunnel junctions and application to nonvolatile magnetic random access memory[J]. Journal of Applied Physics, 1999, 85 (8 Ⅱ B): 5828-5833.

[22] WANG D, NORDMAN C, DAUGHTON J M, et al. 70% TMR at room temperature for SDT sandwich junctions with CoFeB as free and reference layers[J]. IEEE Transactions on Magnetics, 2004, 40（4 Ⅱ）: 2269-2271.

[23] MATHON J, UMERSKI A. Theory of tunneling magnetoresistance of an epitaxial Fe/MgO/Fe (001) junction[J]. Physical Review B-Condensed Matter and Materials Physics, 2001, 63（22）: 1-4.

[24] BUTLER W H, ZHANG X G, SCHULTHESS T C, et al. Spin-dependent tunneling conductance of Fe/MgO/Fe sandwiches[J]. Physical Review B-Condensed Matter and Materials Physics, 2001, 63（5）: 54416.

[25] BHATTI S, SBIAA R, HIROHATA A, et al. Spintronics based random access memory: a review[J]. Materials Today, 2017, 20（9）: 530-548.

[26] MIAO G X, MÜNZENBERG M, MOODERA J S. Tunneling path toward spintronics[J]. Reports on Progress in Physics, 2011, 74（3）: 036501.

[27] LEE S E, BAEK J U, PARK J G. Highly enhanced TMR ratio and Δ for double MgO-based p-MTJ spin-valves with top $Co_2Fe_6B_2$ free layer by nanoscale-thick iron diffusion-barrier[J]. Scientific Reports, 2017, 7（1）: 1-9.

[28] GROOT D R A, MUELLER F M, ENGEN P G V, et al. New Class of Materials: Half-Metallic Ferromagnets[J]. Physical Review Letters, 1983, 50（25）: 2024-2027.

[29] GALANAKIS I, DEDERICHS P H, PAPANIKOLAOU N. Slater-Pauling behavior and origin of the half-metallicity of the full-Heusler alloys[J]. Physical Review B-Condensed Matter and Materials Physics, 2002, 66（17）: 1-9.

[30] WEBSTER P J, ZIEBECK K R A. Magnetic and chemical order in Heusler alloys containing cobalt and titanium[J]. Journal of Physics and Chemistry of Solids, 1973, 34（10）: 1647-1654.

[31] YAMAMOTO M, ISHIKAWA T, TAIRA T, et al. Effect of defects in Heusler alloy thin films on spin-dependent tunnelling characteristics of $Co_2MnSi/MgO/Co_2MnSi$ and $Co_2MnGe/MgO/Co_2MnGe$ magnetic tunnel junctions[J]. Journal of Physics Condensed Matter, 2010, 22（16）: 164212.

[32] POTYRAILO R A, MAIER W F. Combinatorial and high-throughput discovery and optimization of catalysts and materials[M]. Los Angeles: CRC Press, 2006.

[33] FUKUMURA T, OKIMOTO Y, OHTANI M, et al. A composition-spread approach to

investigate band-filling dependence on magnetic and electronic phases for Perovskite manganite[J]. Applied Surface Science, 2002, 189 (3-4): 339-343.

[34] RUSSEK S E, BAILEY W E, ALERS G, et al. Magnetic combinatorial thin-film libraries[J]. IEEE Transactions on Magnetics, 2001, 37 (4 Ⅰ): 2156-2158.

[35] SVEDBERG E B, VAN D V R J J M, HOWARD K J, et al. Quantifiable combinatorial materials science approach applied to perpendicular magnetic recording media[J]. Journal of Applied Physics, 2003, 93 (9): 5519-5526.

[36] GARCÍA-GARCÍA A, PARDO J A, NAVARRO E, et al. Combinatorial pulsed laser deposition of Fe/MgO granular multilayers[J]. Applied Physics A: Materials Science and Processing, 2012, 107 (4): 871-876.

[37] JEPU I, POROSNICU C, LUNGU C P, et al. Combinatorial Fe-Co thin film magnetic structures obtained by thermionic vacuum arc method[J]. Surface and Coatings Technology, 2014, 240: 344-352.

[38] TSYMBAL E Y, MRYASOV O N, LECLAIR P R. Spin-dependent tunnelling in magnetic tunnel junctions[J]. Journal of Physics Condensed Matter, 2003, 15 (4): R109.

[39] KO V, QIU J, LUO P, et al. Half-metallic Fe_2CrSi and non-magnetic Cu_2CrAl Heusler alloys for current-perpendicular-to-plane giant magneto-resistance: First principle and experimental study[J]. Journal of Applied Physics, 2011, 109 (7): 13-16.

[40] SOFI S A, GUPTA D C. Systematic study of ferromagnetic phase stability of Co-based Heusler materials with high figure of merit: Hunt for spintronics and thermoelectric applicability[J]. AIP Advances, 2020, 10 (10): 105330.

[41] BUTLER W H, GUPTA S, LECLAIR P R, et al. First-principles based design of spintronic materials and devices[C]. DOE/NSF Materials Genome Initiative 2nd Annual Principal Investigator Meeting, 2015.

[42] HU X, ZHANG Y, FAN S, et al. Searching high spin polarization ferromagnet in Heusler alloy via machine learning[J]. Journal of Physics Condensed Matter, 2020, 32 (20): 205901.

[43] ZHENG X, ZHENG P, ZHANG R Z. Machine learning material properties from the periodic table using convolutional neural networks[J]. Chemical Science, 2018, 9 (44): 8426-8432.

[44] PRAKASH A, JANA D, MAIKAP S. TaO_x-based resistive switching memories: Prospective and challenges[J]. Nanoscale Research Letters, 2013, 8: 418.

[45] 缪向水，李祎，孙华军，等. 忆阻器导论[M]. 北京：科学出版社，2018.

[46] YU S M. Resistive Random Access Memory（RRAM）from devices to array architectures[M]. Vermont：Morgan & Claypool Publishers，2016.

[47] HICKMOTT T W. Low-frequency negative resistance in thin anodic oxide films[J]. Journal of Applied Physics，1962，33：2669-2682.

[48] GIBBONS J F，BEADLE W E. Switching properties of thin NiO films[J]. Solid-State Electron，1964，7（11）：785-790.

[49] SIMMONS J G，VERDERBER R R. New conduction and reversible memory phenomena in thin insulating films[J]. Proceedings of the Royal Society A，1967，301：77-102.

[50] HIATT W R，HICKMOTT T W. Bistable switching in niobium oxide diodes[J]. Applied Physics Letters，1965，6（6）：106-108.

[51] CHOPRA K L. Avalanche-induced negative resistance in thin oxide film[J]. Journal of Applied Physics，1965，36（1）：184-187.

[52] LIU S Q，WU N J，IGNATIEV A. Electric-pulse-induced reversible resistance change effect in magnetoresistive films[J]. Applied Physics Letters，2000，76（19）：2749-2751.

[53] WATANABE Y，BEDNORZ J G，BIETSCH A，et al. Current-driven insulator-conductor transition and nonvolatile memory in chromium-doped $SrTiO_3$ single crystals[J]. Applied Physics Letters，2001，78（23）：3738-3740.

[54] CHOI J，KIM J S，HWANG I，et al. Different nonvolatile memory effects in epitaxial $Pt/PbZr_{0.3}Ti_{0.7}O_3/LSCO$ heterostructures[J]. Applied Physics Letters，2010，96（26）：262113.

[55] SAHOO S，PRABAHARAN S R S. Nano-Ionic Solid State Resistive Memories（Re-RAM）：A Review[J]. Journal of Nanoscience & Nanotechnology，2017，17（1）：72-86.

[56] CHEN H Y，BRIVIO S，CHANG C C，et al. Resistive Random Access Memory（RRAM）technology：From material，device，selector，3D integration to bottom-up fabrication[J]. Journal of Electroceramics，2017，39（1-4）：1-18.

[57] WONG H S P，LEE H Y，YU S，et al. Metal-oxide RRAM[J]. Proceedings of the IEEE，2012，100（6）：1951-1970.

[58] STRUKOV D B，SNIDER G S，STEWART D R，et al. The missing memristor found[J]. Nature，2008，453：80-83.

[59] KWON D H, KIM K M, JANG J H, et al. Atomic structure of conducting nanofilaments in TiO2 resistive switching memory[J]. Nature Nanotechnology, 2010, 5 (2): 148-153.

[60] YAO P, WU H, GAO B, et al. Face classification using electronic synapses[J]. Nature Communications, 2017, 8: 15199.

[61] YU S, WU Y, YANG C, et al. Characterization of switching parameters and multilevel capability in HfO$_x$/AlO$_x$ Bi-layer RRAM devices[C]. International Symposium on VLSI Technology Systems and Applications Proceedings, 2011.

[62] DIRKMANN S, HANSEN M, ZIEGLER M, et al. The role of ion transport phenomena in memristive double barrier devices[J]. Scientific Reports, 2016, 6 (1): 35686.

[63] WEI Z, KANZAWA Y, ARITA K, et al. Highly reliable TaO$_x$ ReRAM and direct evidence of redox reaction mechanism[C]. 2008 IEEE International Electron Devices Meeting, 2008.

[64] YANG J J, ZHANG M X, STRACHAN J P, et al. High switching endurance in TaO$_x$ memristive devices[J]. Applied Physics Letters, 2010, 97 (23): 232102.

[65] LEE M J, LEE C B, LEE D, et al. A fast, high-endurance and scalable non-volatile memory device made from asymmetric Ta$_2$O$_{5-x}$/TaO$_{2-x}$ bilayer structures[J]. Nature Materials, 2011, 10 (8): 625-630.

[66] YAN P, LI Y, HUI Y J, et al. Conducting mechanisms of forming-free TiW/Cu$_2$O/Cu memristive devices[J]. Applied Physics Letters, 2015, 107 (8): 83501.

[67] LAI E K, CHIEN W C, CHEN Y C, et al. Tungsten oxide resistive memory using rapid thermal oxidation of tungsten plugs[J]. Applied Physics Letters, 2010, 49 (4): 4DD17.

[68] BAGDZEVICIUS S, MAAS K, BOUDARD M, et al. Interface-type resistive switching in perovskite materials[J]. Journal of Electroceramics, 2017, 39: 157-184.

[69] ZHUGE F, LI K, FU B, et al. Mechanism for resistive switching in chalcogenide-based electrochemical metallization memory cells[J]. AIP Advances, 2015, 5 (5): 057125.

[70] FACKENTHAL R, KITAGAWA M, OTSUKA W, et al. 19.7 A 16GB ReRAM with 200MB/s write and 1GB/s read in 27nm technology[C]. IEEE International Solid-State Circuits Conference Digest of Technical Papers, 2014.

[71] WOUTER D, KARL O, JOHAN M, et al. Combinatorial study of Ag-Te thin films and their

application as cation supply layer in CBRAM cells[J]. ACS Combinatorial Science. 2015，17（5）：334-340.

[72] RADHAKRISHNAN J，BELMONTE A，DEVULDER W，et al. Impacts of Ta buffer layer and Cu-Ge-Te composition on the reliability of GeSe-based CBRAM[J]. IEEE Transactions on Electron Devices，2019，66（12）：5133-5138.

[73] SHEN Z, ZHAO C, QI Y, et al. Memristive non-volatile memory based on graphene materials[J]. Micromachines，2020，11（4）：341.

[74] REHMAN M M，GUL J Z，REHMAN H M M U，et al. Decade of 2D materials based RRAM devices：A review[J]. Science and Technology of Advanced Materials，2020，21（1）：147-186.

[75] DIRKMANN S，HANSEN M，ZIEGLER M，et al. The role of ion transport phenomena in memristive double barrier devices[J]. Scientific Reports，2016，6：35686.

[76] WANG M，CAI S，PAN C，et al. Robust memristors based on layered two-dimensional materials[J]. Nature Electronics，2018，1（2）：130-136.

[77] ZHOU G，WU J，WANG L，et al. Evolution map of the memristor：from pure capacitive state to resistive switching state[J]. Nanoscale，2019，11（37）：17222-17229.

[78] KRISHNAN K, TSURUOK T, MANNEQUIN C, et al. Mechanism for conducting filament growth in self-assembled polymer thin films for redox-based atomic switches[J]. Advanced Materials，2016, 28（4）: 640-648.

[79] 史晨阳，闵光宗，刘向阳. 蛋白质基 RRAM 研究进展[J]. 物理学报，2020, 69（17）：107-129.

[80] SEO S，LEE M J，KIM D C，et al. Electrode dependence of resistance switching in polycrystalline NiO films[J]. Applied Physics Letters，2005，87（26）：263507.

[81] 左青云，刘明，龙世兵，等，阻变存储器及其集成技术的研究进展[J]. 微电子学，2009，39（4）：546.

[82] TSUBOUCHI B K，OHKUBO I，KUMIGASHIRA H，et al. High-throughput characterization of metal electrode performance for electric-field-induced resistance switching in metal/$Pr_{0.7}Ca_{0.3}MnO_3$/metal structures[J]. Advanced Materials，2007，19（13）：1711-1713.

[83] CASKEY C M，RICHARDS R M，GINLEY D S，et al. Thin film synthesis and properties of

copper nitride, a metastable semiconductor[J]. Materials Horizons, 2014, 1 (4): 424-430.

[84] KUMBHARE P, MEIHAR P, RAJARATHINAM S, et. al. A comprehensive study of effect of composition on resistive switching of $Hf_xAl_{1-x}O_y$ based RRAM devices by combinatorial sputtering[J]. MRS Advances, 2015, 1729 (1): 65-70.

[85] GUO Y, ROBERTSON J. Materials selection for oxide-based resistive random access memories[J]. Applied Physics Letters, 2014, 105 (22): 223516.

[86] GUO Z, ZHU L, ZHOU J, et. al. Design principles of tuning oxygen vacancy diffusion in $SrZrO_3$ for resistance random access memory[J]. Journal of Materials Chemistry C, 2015, 3 (16): 4081-4085.

[87] JIA S J, LI H L, et. al. Ultrahigh drive current and large selectivity in GeS selector[J]. Nature Communications, 2020, 11: 4636.

[88] ONOFRIO N, GUZMAN D, STRACHAN A. Atomic origin of ultrafast resistance switching in nanoscale electrometallization cells[J]. Nature Materials, 2015, 14: 440-446.

[89] LI H, CHEN Y. Nonvolatile Memory Design[M]. Los Angeles: CRC Press, 2017.

[90] JEONGDONG C. Memory/Selector Elements for Intel Optane™ XPoint Memory[R/OL]. [2020-12-20].https://www.techinsights.com/blog/memoryselector-elements-intel-optanetm-xpoint-memory.

[91] INTEL. Intel and Micron Produce Breakthrough Memory Technology[R/OL]. [2020-12-20]. https://newsroom.intel.com/news-releases/intel-and-micron-produce-breakthrough-memory-technology/# gs. jvueip.

[92] CASSINERIO M, CIOCCHINI N, IELMINI D. Logic computation in phase change materials by threshold and memory switching[J]. Advanced Materials, 2013, 25 (41): 5975-5980.

[93] WRIGHT C D, HOSSEINI P, DIOSDADO J A V. Beyond von-neumann computing with nanoscale phase-change memory devices[J]. Advanced Functional Materials, 2013, 23 (18): 2248-2254.

[94] WRIGHT C D, LIU Y, KOHARY K I, et al. Arithmetic and biologically-inspired computing using phase-change materials[J]. Advanced Materials, 2011, 23 (30): 3408-3413.

[95] SEBASTIAN A, TUMA T, PAPANDREOU N, et al. Temporal correlation detection using computational phase-change memory[J]. Nature Communications, 2017, 8 (1): 1115.

[96] TUMA T, PANTAZI A, GALLO M L, et al. Stochastic phase-change neurons[J]. Nature

Nanotechnology, 2016, 11: 1-8.

[97] YOON K J, KIM Y, HWANG C S. What Will Come After V-NAND——Vertical Resistive Switching Memory? [J]. Advanced Electronic Materials, 2019, 5 (9): 1-15.

[98] LENCER D, SALINGA M, WUTTIG M. Design rules for phase-change materials in data storage applications[J]. Advanced Materials, 2011, 23 (18): 2030-2058.

[99] RAOUX S. Phase change materials[J]. Annual Review of Materials Research, 2009, 39: 25-48.

[100] LI J, LAM C. Phase change memory[J]. Science China Information Sciences, 2011, 54 (5): 1061-1072.

[101] AHN S. Phase Change Memory[M]. New York: Springer International Publishing, 2018.

[102] OVSHINSKY S R. Reversible electrical switching phenomena in disordered structures[J]. Physical Review Letters, 1968, 21 (20): 1450-1453.

[103] NEALE R G, NELSON D L, MOORE G. Nonvolatile and reprogrammable, the read mostly memory is here[J]. Electronics, 1970, 43: 56-60.

[104] YAMADA N, OHNO E, AKAHIRA N, et al. High speed overwritable phase change optical disk material[J]. Japanese Journal of Applied Physics, 1987, 26: 61-66.

[105] CHEN M, RUBIN K A, BARTON R W. Compound materials for reversible, phase-change optical data storage[J]. Applied Physics Letters, 1986, 49 (9): 502-504.

[106] FEINLEIB J, DENEUFVILLE J, MOSS S C, et al. Rapid reversible light-induced crystallization of amorphous semiconductors[J]. Applied Physics Letters, 1971, 18 (6): 254-257.

[107] FRITZSCHE H. Amorphous semiconductors for switching, memory, and imaging applications[J]. IEEE Transactions on Electron Devices, 1973, 20 (2): 91-105.

[108] YAMADA N, OHNO E, NISHIUCHI K, et al. Rapid-phase transitions of GeTe-Sb_2Te_3 pseudobinary amorphous thin films for an optical disk memory[J]. Journal of Applied Physics, 1991, 69 (5): 2849-2856.

[109] ORAVA J, GREER A L, GHOLIPOUR B, et al. Characterization of supercooled liquid $Ge_2Sb_2Te_5$ and its crystallization by ultrafast-heating calorimetry[J]. Nature Materials, 2012, 11 (4): 279-283.

[110] FRIEDRICH I, WEIDENHOF V, NJOROGE W, et al. Structural transformations of $Ge_2Sb_2Te_5$ films studied by electrical resistance measurements[J]. Journal of Applied Physics, 2000, 87 (9): 4130-4134.

[111] KIM I S, CHO S L, IM D H, et al. High performance PRAM cell scalable to sub-20nm technology with below 4F2 cell size, extendable to DRAM applications[C]. Digest of Technical Papers-Symposium on VLSI Technology, 2010.

[112] SIEGERT K S, LANGE F R L, SITTNER E R, et al. Impact of vacancy ordering on thermal transport in crystalline phase-change materials[J]. Reports on Progress in Physics, 2015, 78 (1): 13001.

[113] SHIN S, KIM H K, SONG J, et al. Phase-dependent thermal conductivity of $Ge_1Sb_4Te_7$ and N: $Ge_1Sb_4Te_7$ for phase change memory applications[J]. Journal of Applied Physics, 2010, 107 (3): 033518.

[114] SIEGRIST T, JOST P, VOLKER H, et al. Disorder-induced localization in crystalline phase-change materials[J]. Nature Materials, 2011, 10 (3): 202-208.

[115] ANDERSON T L, KRAUSE H B. Refinement of the Sb_2Te_3 and Sb_2Te_2Se structures and their relationship to nonstoichiometric $Sb_2Te_{3-y}Se_y$ compounds[J]. Acta Crystallographica Section B Structural Crystallography and Crystal Chemistry, 1974, 30 (5): 1307-1310.

[116] 宋志棠. 相变存储器与应用基础[M]. 北京: 科学出版社, 2013.

[117] 项晓东. 原位实时高通量组合材料实验技术[C]. 2014新材料国际发展趋势高层论坛, 2014.

[118] HASHIM I, LANG C I, CHEN H, et al. High-productivity combinatorial PVD and ALD workflows for semiconductor logic & memory applications[J]. MRS Proceedings, 2009, 1159: G01-02.

[119] LAURENZIS M, HEINRICI A, BOLIVAR P H, et al. Composition spread analysis of phase-change dynamics in $Ge_xSb_yTe_{1-x-y}$ films embedded in an optical multilayer stack[J]. IEE Proceedings: Science, Measurement and Technology, 2004, 151 (6): 394-397.

[120] RAO F, DING K, ZHOU Y, et al. Reducing the stochasticity of crystal nucleation to enable subnanosecond memory writing[J]. Science, 2017, 358 (6369): 1423-1427.

[121] PENG C, WU L, SONG Z, et al. Performance improvement of Sb_2Te_3 phase change material by Al doping[J]. Applied Surface Science, 2011, 257 (24): 10667-10670.

[122] WEI F, WANG L, KONG T, et al. Amorphous thermal stability of Al-doped Sb_2Te_3 films for phase-change memory application[J]. Applied Physics Letters, 2013, 103 (18): 1-6.

[123] 潘峰. 声表面波材料与器件[M]. 北京: 科学出版社, 2004, 25-26.

[124] LAKIN K M. A Review of Thin-film Resonator Technology[J]. IEEE Microwave Magazine, 2003, 4 (4): 61-67.

[125] HENRY M D, TIMON R, YOUNG T R, et al. AlN and ScAlN Contour Mode Resonators for RF Filters[J]. Ecs Transctions, 2017, 77 (6): 23-32.

[126] HORNSTEINER J, BORN E, FISCHERAUER G, et al. Surface acoustic wave sensors for high-temperature applications[C]. Proceedings of the 1998 IEEE International Frequency Control Symposium, 1998.

[127] 李健雄, 杨成韬, 王锐, 等. IDT/AlN/$LiNbO_3$结构声表面波滤波器模拟和分析[J]. 压电与声光, 2008, 30 (6): 655-657.

[128] 刘梦伟. 基于双压电PZT薄膜单元的悬臂梁式微力传感器研究[D]. 大连: 大连理工大学, 2006.

[129] XIE D, RUAN Y, LI R, et al. Comparison of Pb $Zr_{1-x}Ti_xO_3$ thin films deposited on different substrates by liquid delivery metal organic chemical vapor deposition[J]. Journal of Applied Physics, 2009, 105 (6): 061611.

[130] MASUDA S, SEKI A, MASUDA Y. Influence of crystal phases on electro-optic properties of epitaxially grown lanthanum-modified lead zirconate titanate films[J]. Applied Physics Letters, 2010, 96 (7): 072901.

[131] MORITO A, TATSUO T, KAZUSHI K. Development of a pressure sensor using a piezoelectric material thin film[J]. Synthesiology English edition, 2017, 5 (3): 162-170.

[132] CHANG C C, WANG J H, JENG M D, et al. The fabrication and characterization of PZT thin film acoustic device for application in underwater robotic system[J]. Preroceedings-National Science Council Republic of China Part (A): Physical Science and Engineering, 2000, 24 (4): 287-292.

[133] LUO R C, TASI C S. Thin film PZT pressure/temperature sensory arrays for on-line monitoring of injection molding[C]. IEEE Industrial-Electronics-Society, 2001.

[134] 唐孝明, 唐高弟, 张海. 薄膜体声波谐振器技术[J]. 微纳电子技术, 2005, 42 (8): 380.

[135] PIAZZA G, STEPHANOU P J, PISANO A P. Piezoelectric Aluminum Nitride Vibrating Contour-Mode MEMS Resonators[J]. Journal of Microelectromechanical Systems, 2006, 15 (6): 1406.

[136] RUBY R C, BRADLEY P, OSHMYANSKY Y, et al. Thin-film bulk-wave acoustic resonator (FBAR) for wireless applications[J]. IEEE Ultrasonics Symposium Proceedings, 2001, 1: 813-821.

[137] HARRINGTON B P, ABDOLVAND R. In-plane acoustic reflectors for reducing effective anchor loss in lateral-extensional MEMS resonators[J]. Journal of Micromechanics and Microengineering, 2011, 21 (8): 085021.

[138] BJURSTROM J, KATARDJIEV I, YANTCHEV V. Lateral-field-excited thin-film Lamb wave resonator[J]. Applied Physics Letters, 2005, 86 (15): 154103.

[139] ZUO C J, SINHA N, PIAZZA G. Very high frequency channel-select MEMS filters based on self-coupled piezoelectric AlN contour-mode resonators[J]. Sensors and Actuators A: Physical, 2010, 160 (1-2): 132-140.

[140] RINALDI M, ZUNIGA C, ZUO C J, et al. Super-highfrequency two-port AlN contour-mode resonators for RF applications[J]. IEEE Transactions on Ultrasonics, Ferroelectrics, and Frequency Control, 2010, 57 (1): 38-45.

[141] RUBY R, BRADLEY P, LARSON III J, et al. Ultra-Miniature High-Q Filters and Duplexers Using FBAR Technology[C]. IEEE International Solid-State Circuits Conference Digest of Technical Papers, 2001.

[142] GUEDES A, SHELTON S, PRZYBYLA R, et al. Aluminum nitride pMUT based on a flexurally-suspended membrane[C]. 2011 16th International Solid-State Sensors, Actuators and Microsystems Conference, 2011.

[143] SHELTON S, CHAN M L, HYUNKYU P, et al. CMOS-compatible AlN piezoelectric micromachined ultrasonic transducers[C]. 2009 IEEE International Ultrasonics Symposium, 2009.

[144] GOERICKE F T, CHAN M W, VIGEVANI G, et al. High temperature compatible aluminum nitride resonating strain sensor[C]. 2011 16th International Solid-State Sensors, Actuators and Microsystems Conference, 2011.

[145] ZUNIGA C, RINALDI M, KHAMIS S M, et al. Nanoenabled microelectromechanical sensor

for volatile organic chemical detection[J]. Applied Physics Letters, 2009, 94 (22): 223122.

[146] OLSSON III R.H., WOJCIECHOWSK K E, BAKER M S, et al. Post-CMOS-compatible aluminum nitride resonant MEMS accelerometers[J]. Journal of Microelectromechanical Systems, 2009, 18 (3): 671-678.

[147] LAKIN K M, WANG J S. Acousitic bulk wave composite resonators[J]. Applied Physics Letters, 1981, 38 (3): 125-127.

[148] RUBY R. Micromachined cellular filters[C]. 1996 IEEE MTT-S International Microwave Symposium Digest, 1996.

[149] RUBY R, BRADLEY P, LARSON J D, et al. PCS 1900MHz duplexer using thin film bulk acoustic resonators (FBAR) [J]. Electronics Letters, 1999, 35 (10): 794-795.

[150] RUBY R, BRADLEY P, OSHMYANSKY Y, et al. Thin film bulk wave acoustic resonators (FBAR) for wireless applications[C]. 2001 IEEE Ultrasonics Symposium Proceedings, 2001.

[151] SHARMA J, FERNANDO S, TAN W M. Integration of AlN with molybdenum electrodes and sacrificial amorphous silicon release using XeF_2[J]. Journal of Micromechanics and Microengineering, 2014, 24: 1155-1161.

[152] WINGQVIST G, BJURSTROM J, LILJEHOLM L, et al. Shear mode AlN thin film electroacoustic resonator sensor operation in viscous media[J]. Sensors and Actuators B: Chemical, 2007, 123 (1): 466-473.

[153] ZHOU C J, SHU Y, YANG Y, et al. Flexible structured high-frequency film bulk acoustic resonator for flexible wireless electronics[J]. Journal of Micromechanics and Microengineering, 2015, 25 (5): 630-635.

[154] BARTH S, BARTZSCH H, GLOESS D, et al. Influence of process parameters on properties of piezoelectric AlN and AlScN thin films for sensor and energy harvesting applications[C]. Spie Microtechnologies, 2015.

[155] MANNA S, BRENNECKA G L, STEVANOVI V, et al. Tuning the piezoelectric and mechanical properties of the AlN system via alloying with YN and BN[J]. Journal of Applied Physics, 2017, 122 (10): 105101.

[156] HU X, TAI Z, YANG C. Preparation and characterization of Er-doped AlN films by RF magnetron sputtering[J]. Materials Letters, 2017, 217: 281-283.

[157] TASNADI F, ALLING B, HOGLUND C, et al. Origin of the anomalous piezoelectric response in wurtzite $Sc_xAl_{1-x}N$ alloys[J]. Physics Review Letters, 2010, 104: 137601.

[158] ZHU M, HUA L, XIONG F. First principles study on the structural, electronic, and optical properties of Sc-doped AlN[J]. Russian Journal of Physical Chemistry A, 2014, 88 (04): 722-727.

[159] CARO M A, ZHANG S, RIEKKINEN T, et al. Piezoelectric coefficients and spontaneous polarization of ScAlN[J]. Journal of Physics: Condensed Matter, 2015, 27 (24): 245901.

[160] MOMIDA H, TESHIGAHARA A, OGUCHI T. Strong enhancement of piezoelectric constants in $Sc_xAl_{1-x}N$: First-principles calculations[J]. AIP Advances, 2016, 6 (6): 065006.

[161] AKIYAMA M, KAMOHARA T, KANO K, et al. Enhancement of piezoelectric response in scandium aluminum nitride alloy thin films prepared by dual reactive co-sputtering[J]. Advanced Materials, 2009, 21 (5): 593-596.

[162] WINGQVIST G, TASNADI F, ZUKAUSKAITE A, et al. Increased electromechanical coupling in w-$Sc_xAl_{1-x}N$[J]. Applied Physics Letters, 2010, 97 (11): 112902.

[163] MATLOUB R, HADAD M, MAZZALAI A, et al. Piezoelectric $Al_{1-x}Sc_xN$ thin films: A semiconductor compatible solution for mechanical energy harvesting and sensors[J]. Applied Physics Letters, 2013, 102 (15): 152903.

[164] MATLOUB R, ARTIEDA A, SANDU C, et al. Electromechanical properties of $Al_{0.9}Sc_{0.1}N$ thin films evaluated at 2.5GHz film bulk acoustic resonators[J]. Applied Physics Letters, 2011, 99 (9): 092903.

[165] MOREIRA M, BJURSTROM J, KATARDJEV I, et al. Aluminum scandium nitride thin-film bulk acoustic resonators for wide band application[J]. Vacuum, 2011, 86 (1): 23-26.

[166] ZUKAUSKAITE A, WINGQVIST G, PALISATIS J, et al. Microstructure and dielectric properties of piezoelectric magnetron sputtered w-$Sc_xAl_{1-x}N$ thin films[J]. Journal of Applied Physics, 2012, 111 (9): 093527.

[167] PIAZZA G, FELMETSGER V, MURALT P, et al. Piezoelectric alumium nitride thin films for microelectromechanical system[J]. MRS Bulletin, 2012, 37 (11): 1051-1061.

[168] ZYWITZKI O, MODES T, BARTH S, et al. Effect of scandium content on structure and piezoelectric properties of AlScN films deposited by reactive pulse magnetron sputtering[J]. Surface and Coatings Technology, 2017, 309: 417-422.

[169] MAYRHOFER P M, REHLENDT C, FISCHENEDER M, et al. ScAlN MEMS Cantilevers for Vibrational Energy Harvesting Purposes[J]. Journal of Microelectromechanical Systems, 2017, 26 (1): 102-112.

[170] WANG Q, LU Y, MISHIN S, et al. Design, Fabrication, and Characterization of Scandium Aluminum Nitride-Based Piezoelectric Micromachined Ultrasonic Transducers[J]. Journal of Microelectromechanical Systems, 2017, 26 (5): 1132-1139.

[171] ZHU Y, WANG N, CHUA G, et al. ScAlN based LCAT Mode Resonators above 2GHz with High FOM and Reduced Fabrication Complexity[J]. IEEE Electron Device Letters, 2017, 38 (10): 1481-1484.

[172] BAEUMLER M, LU Y, KURZ N, et al. Optical constants and band gap of wurtzite $Al_{1-x}Sc_xN/Al_2O_3$ prepared by magnetron sputter epitaxy for scandium concentrations up to $x = 0.41$[J]. Journal of Applied Physics, 2019, 126: 045715.

[173] IWAZAKI Y, YOKOYAMA T, NISHIHARA T, et al. Highly enhanced piezoelectric property of co-doped AlN[J]. Applied Physics Express, 2015, 8 (6): 061501.

[174] UEHARA M, SHIGEMOTO H, FUJIO Y, et al. Giant increase in piezoelectric coefficient of AlN by Mg-Nb simultaneous addition and multiple chemical states of Nb[J]. Applied Physics Letters, 2017, 111 (11): 112901.

[175] YOKOYAMA T, IWAZAKI Y, ONDA Y, et al. Highly piezoelectric co-doped AlN thin films for wideband FBAR applications[C]. 2014 IEEE Transactions on Ultrasonics Symposium, 2014.

[176] HIRATA K, YAMADA H, UEHARA M, et al. First-Principles Study of Piezoelectric Properties and Bonding Analysis in(Mg,X,Al)N Solid Solutions (X = Nb, Ti, Zr, Hf) [J]. ACS Omega, 2019, 4 (12): 15081-15086.

[177] NGUYEN H H, OGUCHI H, MINH L V, et al. High-Throughput Investigation of a Lead-Free AlN-Based Piezoelectric Material, $(Mg,Hf)_xAl_{1-x}N$ [J]. ACS Combinatorial Science, 2017, 19 (6): 365-369.

[178] VENKATESWARLU P, BHARADWAJA S S N, KRUPANIDHI S B. Study of pulsed laser deposited lead lanthanum titanate thin films[J]. Thin Solid Films, 2001, 389 (1-2): 84-90.

[179] MOON B K, ISHIWARA H, TOKUMITSU E, et al. Characteristics of ferroelectric $Pb(Zr,Ti)O_3$ films epitaxially grown on CeO_2 (111) /Si (111) substrates[J]. Thin Solid Films, 2001, 385 (1-2): 307-310.

[180] WILK G D, WALLACE R M, ANTHONY J M. High-k gate dielectrics: current status and materials properties considerations[J]. Journal of Applied Physics, 2001, 89 (10): 5243-5275.

[181] ROBERTSON J. Interfaces and defects of high-k oxides on silicon[J]. Solid State Electronics, 2005, 49 (3): 283-293.

[182] ROBERTSON J. Band offsets of wide-band-gap oxides and implications for future electronic devices[J]. Journal of Vacuum Science & Technology B: Microelectronics and Nanometer Structures Processing, Measurement, and Phenomena, 2000, 18 (3): 1785-1791.

[183] ADAM J, ROGERS M D. The crystal structure of ZrO_2 and HfO_2[J]. Acta Crystallographica, 2010, 12 (11): 951-951.

[184] HUBBARD K J, SCHLOM D G. Thermodynamic stability of binary oxides in contact with silicon[J]. Journal of Materials Research, 1996, 11 (11): 2757-2776.

[185] RUH R, GARRETT H J. Nonstoichiometry of ZrO_2 and its relation to tetragonal-cubic inversion in ZrO_2[J]. The American Ceramic Society, 1967, 50 (5): 257-261.

[186] CAMPBELL S A, GILMER D C, WANG X C, et al. MOSFET transistors fabricated with high permitivity TiO_2 dielectrics[J]. IEEE Transactions on Electron Devices, 1997, 44 (1): 104-109.

[187] YOKOTA K, YANO Y, NAKAMURA K, et al. Effects of oxygen ion beam application on crystalline structures of TiO_2 films deposited on Si wafers by an ion beam assisted deposition[J]. Nuclear Instruments & Methods in Physics Research B: Beam Interactions with Materials and Atoms, 2006, 242 (1-2): 393-395.

[188] RAO K N, NARASHIMHA K. Optical properties of electron-beam evaporated TiO_2 films deposited in an ionized oxygen medium[J]. Journal of Vacuum Science & Technology A, 1990, 8 (4): 3260-3264.

[189] YEO Y C, KING T J, HU C M. MOSFET gate leakage modeling and selection guide for alternative gate dielectrics based on leakage considerations[J]. IEEE Transactions on Electron Devices, 2003, 50 (4): 1027-1035.

[190] CHOI J H, MAO Y, CHANG J P. Development of hafnium based high-k materials-A review[J]. Materials Science and Engineering R: Reports, 2011, 72 (6): 97-136.

[191] MISTRY K, ALLEN C, AUTH C, et al. A 45nm logic technology with high-k + metal gate transistors, strained silicon, 9 Cu interconnect layers, 193nm dry patterning, and 100% Pb-free

packaging[C]. IEEE International Electron Devices Meeting, 2007.

[192] DING L, FRIEDRICH M, FRONK M, et al. Correlation of band gap position with composition in high-k films[J]. Journal Of Vacuum Science & Technology B: Microelectronics And Nanometer Structures, 2014, 32 (3): 03D115.

[193] FENG L P, LIU Z T, SHEN Y M. Compositional, structural and electronic characteristics of HfO_2 and HfSiO dielectrics prepared by radio frequency magnetron sputtering[J]. Vacuum, 2009, 83 (5): 902-905.

[194] DEBALEEN B, MANAVENDRA N S, ANIL K S, et al. Effect of excess hafnium on HfO_2 crystallization temperature and leakage current behavior of HfO_2/Si metal-oxide-semiconductor devices[J]. Journal of Vacuum Science & Technology B, 2016, 34 (2): 022201.

[195] ZHAO X, VANDERBILT D. First-principles study of structural, vibrational and lattice dielectric properties of hafnium oxide[J]. Physical Review B, 2002, 65 (23): 233106.

[196] FISCHER D, KERSCH A. Stabilization of the high-k tetragonal phase in HfO_2: The influence of dopants and temperature from Ab initio simulations[J]. Journal of Applied Physics, 2008, 104 (8): 084104-084104-6.

[197] KIM J S, LEE H J, KIM K S, et al. Characteristics of high-k, gate oxides prepared by oxidation of 1.4 nm multi-layered Hf/Al metal film[J]. Thin Solid Films, 2006, 515 (2): 517-521.

[198] YAMAMOTO Y, KITA K, KYUNO K, et al. Study of La-induced flat band voltage shift in Metal/$HfLaO_x$/SiO_2/Si capacitors[J]. Japanese Journal of Applied Physics, 2007, 46 (11): 7251-7255.

[199] MALLIK S, MAHATA C, HOTA M, et al. Charge trapping characteristics of $HfYO_x$ gate dielectrics on SiGe[C]. IEEE International Symposium on the Physical and Failure Analysis of Integrated Circuits, 2010.

[200] MARIA J P, WICKAKSANA D, PARRETTE J, et al. Crystallization in SiO_2-metal oxide alloys[J]. Journal of Materials Research, 2002, 17 (7): 1571-1579.

[201] DUENAS S, CASTAN H, BARBOLLA J, et al. Conductance transient, capacitance-voltage and deep-level transient spectroscopy characterization of atomic layer deposited hafnium and zirconium oxide thin films[J]. Solid State Electronics, 2003, 47 (10): 1623-1629.

[202] NEUMAYER D A, CARTIER E. Materials characterization of ZrO_2-SiO_2 and HfO_2-SiO_2 binary

oxides deposited by chemical solution deposition[J]. Journal of Applied Physics, 2001, 90 (4): 1801-1808.

[203] ZHAN Z, ZENG H C. A catalyst-free approach for sol-gel synthesis of highly mixed ZrO_2-SiO_2 oxides[J]. Journal of Non-Crystalline Solids, 1999, 243 (1): 26-38.

[204] MENDOZA-SERNA R, MENDEZ-VIVAR J, LOYO-ARNAUD E, et al. Preparation and characterization of porous SiO_2-Al_2O_3-ZrO_2 prepared by the sol-gel process[J]. Journal of Porous Materials, 2003, 10 (1): 31-39.

[205] HASEGAWA K, AHMET P, OKAZAKI N, et al. Amorphous stability of HfO_2 based ternary and binary composition spread oxide films as alternative gate dielectrics[J]. Applied Surface Science, 2004, 223 (1-3): 229-232.

[206] KOINUMA H, TAKEUCHI I. Combinatorial solid-state chemistry of inorganic materials[J]. Nature Materials, 2004, 3 (7): 429-38.

[207] TOYOHIRO C, KEN H, TAE T, et al. Combinatorial materials exploration and composition tuning for the future gate stack structure[C]. International Conference on Solid-state & Integrated Circuit Technology, 2006.

[208] CHANG K S, BASSIM N D, SCHENCK P K, et al. Combinatorial methodologies applied to the advanced CMOS gate stack[C]. Characterization & Metrology for Nanoelectronics, 2007.

[209] SCHENCK P K, KLAMO J L, BASSIM N D, et al. Combinatorial study of the crystallinity boundary in the HfO_2-TiO_2-Y_2O_3 system using pulsed laser deposition library thin films[J]. Thin Solid Films, 2008, 517 (2): 691-694.

[210] KLAMO J L, SCHENCK P K, BURKE P G, et al. Manipulation of the crystallinity boundary of pulsed laser deposited high-k HfO_2-TiO_2-Y_2O_3 combinatorial thin films[J]. Journal of Applied Physics, 2010, 107 (5): 964.

[211] BASSIM N D, SCHENCK P K, OTANI M, et al. Model, prediction, and experimental verification of composition and thickness in continuous spread thin film combinatorial libraries grown by pulsed laser deposition[J]. Review of Scientific Instruments, 2007, 78 (7): 072203.

[212] CHANG K S, GREEN M L, SUEHLE J, et al. Combinatorial study of Ni-Ti-Pt ternary metal gate electrodes on HfO_2 for the advanced gate stack[J]. Applied Physics Letters, 2006, 89 (14): 142108.

[213] OHMORI K, CHIKYOW T, HOSOI T, et al. Wide controllability of flatband voltage by tuning

crystalline microstructures in metal gate electrodes[C]. 2007 IEEE International Electron Devices Meeting, 2007.

[214] CHANG K S, GREEN M L, HATTRICK-SIMPERS J R, et al. Determination of work functions in the $Ta_{1-x}Al_xN_y$/HfO$_2$ advanced gate stack using combinatorial methodology[J]. IEEE Transactions on Electron Devices, 2008, 55 (10): 2641-2647.

[215] CHANG K S, GREEN M L, LEVIN I, et al. Combinatorial screening of work functions in Ta-C-N/HfO$_2$/Si advanced gate stacks[J]. Scripta Materialia, 2013, 68 (5): 333-336.

[216] ROBERTSON J. High dielectric constant oxides[J]. The European Physical Journal Applied Physics, 2004, 28 (3): 265-291.

[217] WOO D S. DRAM: Its Challenging History and Future[R]. San Francisco: IEEE International Electron Devices Meeting, 2018.

[218] FAZAN P C, MATHEWS V K, CHAN H C, et al. Ultrathin Oxide/Nitride dielectrics for rugged stacked DRAM capacitors[J]. IEEE Electron Device Letters, 1992, 13 (2): 86-88.

[219] JEONG G T, LEE K C, HA D W, et al. A high performance 16Mb DRAM using giga-bit technologies[J]. IEEE Transactions on Electron Devices, 1997, 44 (11): 2064-2069.

[220] KIM Y K, LEE S M, PARK I S, et al. Novel poly-Si/Al$_2$O$_3$/poly-Si capacitor for high density DRAMs[C]. Digest of Technical Papers-Symposium on VLSI Technology, 1998.

[221] KIL D S, SONG H S, LEE K J, et al. Development of new TiN/ZrO$_2$/Al$_2$O$_3$/ZrO$_2$/TiN capacitors extendable to 45nm generation DRAMs replacing HfO$_2$ based dielectrics[C]. Digest of Technical Papers-Symposium on VLSI Technology, 2006.

[222] BRUCE J, DAVID W, SPENCER N. Memory Systems: Cache, DRAM, Disk[M]. California: Morgan Kaufmann Publishers, 2010.

[223] KOTECKI D E. A review of high dielectric materials for DRAM capacitors[J]. Integrated Ferroelectrics, 1997, 16 (1-4): 1-19.

[224] HOEFFLINGER B. ITRS: The international technology roadmap for semiconductors[M]. Heidelberg: Springer, 2011.

[225] PARK I S, LEE B T, CHOI S J, et al. Novel MIS Al$_2$O$_3$ capacitor as a prospective technology for Gbit DRAMs[C]. Digest of Technical Papers-Symposium on VLSI Technology, 2000.

[226] KIM S K, POPOVICI M. Future of dynamic random-access memory as main memory[J]. MRS Bulletin, 2018, 43 (5): 334-339.

[227] KIM S K, LEE S W, HAN J H, et al. Capacitors with an equivalent oxide thickness of <0.5nm for nanoscale electronic semiconductor memory[J]. Advanced Functional Materials, 2010, 20 (18): 2989-3003.

[228] VAN D R B, SCHNEEMEYER L F, FLEMING R M. Discovery of a useful thin-film dielectric using a composition-spread approach[J]. Nature, 1998, 392 (6672): 162-164.

[229] VAN D R B, SCHNEEMEYER L F, FLEMING R M, et al. A high-throughput search for electronic materials-thin-film dielectrics[J]. Biotechnology and Bioengineering, 1999, 61 (4): 217-225.

[230] JOHN D, LI W M. Accelerating high-k dielectric solutions for next-gen DRAM capacitors[J]. Solid State Technology, 2010, 56 (3): 18-20.

[231] YIM K, YONG Y, LEE J, et al. Novel high-k dielectrics for next-generation electronic devices screened by automated ab initio calculations[J]. NPG Asia Materials, 2015, 7 (6): 1-6.

[232] SALAHUDDIN S, DATTA S. Can the subthreshold swing in a classical FET be lowered below 60mV/decade[C]. IEEE International Electron Devices Meeting, 2008.

[233] SALVATORE G A, BOUVET D, STOLITCHNOV I, et al. Low voltage Ferroelectric FET with sub-100nm copolymer (PVDF-TrFE) gate dielectric for non-volatile 1T memory[C]. Solid-state Device Research Conference, 2008.

[234] DASGUPTA S, RAJASHEKHAR A, MAJUMDAR K, et al. Sub-kT/q Switching in Strong Inversion in $PbZr_{0.52}Ti_{0.48}O_3$ Gated Negative Capacitance FETs[J]. IEEE Journal on Exploratory Solid-State Computational Devices and Circuits, 2017, 1: 43-48.

[235] BSCKE T S, MIILLER J, BRAUHAUS D, et al. Ferroelectricity in hafnium oxide thin films[J]. Applied Physics Letters, 2011, 99 (10): 5397.

[236] CLIMA S, WOUTERS D J, ADELMANN C, et al. Identification of the ferroelectric switching process and dopant-dependent switching properties in orthorhombic HfO_2: A first principles insight[J]. Applied Physics Letters, 2014, 104 (9): 092906.

[237] CHEN K T, GU S S, WANG Z Y, et al. Ferroelectric $HfZrO_x$ FETs on SOI Substrate With Reverse-DIBL (Drain-Induced Barrier Lowering) and NDR (Negative Differential Resistance) [J]. IEEE Journal of the Electron Devices Society, 2018, 6: 900-904.

[238] KWON D, CHEEMA S, SHANKER N, et al. Negative Capacitance FET with 1.8nm thick Zr doped HfO$_2$ oxide[J]. IEEE Electron Device Letters, 2019, 40 (6): 993-996.

[239] LIU C, CHEN H, HSU C C, et al. Negative Capacitance CMOS Field-Effect Transistors with Non-Hysteretic Steep Sub-60mV/dec Swing and Defect-Passivated Multidomain Switching[C]. 2019 Symposium on VLSI Technology, 2019.

[240] 恒宇. 储存器的终结者 FRAM 铁电存储器[J]. 电子世界, 2002, (08): 38-39.

[241] QUINDEAU A, HESSE D, ALEXE M. Programmable ferroelectric tunnel memristor[J]. Frontiers in Physics, 2014, 2: 7.

[242] BOYN S, GROLLIER J, LECERF G, et al. Learning through ferroelectric domain dynamics in solid-state synapses[J]. Nature communications, 2017, 8: 14736.

[243] NISHITANI Y, KANEKO Y, UEDA M, et al. Dynamic Observation of Brain-Like Learning in a Ferroelectric Synapse Device[J]. Japanese Journal of Applied Physics, 2013, 52 (2): 04CE06.

[244] WU S Y. A new ferroelectric memory device, metal-ferroelectric-semiconductor transistor[J]. IEEE Transactions on Electron Devices, 1974, 21 (8): 499-504.

[245] LAMPE D R, ADAMS D A, AUSTIN M, et al. TdI18: Process integration of the ferroelectric memory FETs (FEMFETs) for ndro ferram[J]. Ferroelectrics, 2012, 133 (1): 61-72.

[246] 陆旭兵, 李明, 刘俊明. 铁电场效应晶体管: 原理、材料设计与研究进展[J]. 华南师范大学学报 (自然科学版), 2012, 44 (03): 1-11.

[247] BHUYIAN M N U, MISRA D. Multilayered ALD HfAlO$_x$ and HfO$_2$ for high-quality gate stacks[J]. IEEE Transactions on Device and Materials Reliability, 2015, 15 (2): 229-235.

[248] PLOCIENNIK P, ZAWADZKA A, STRZELECKI J, et al. Pulsed laser deposition (PLD) of hafnium oxide thin films[C]. 2014 16th International Conference on Transparent Optical Networks, IEEE.

[249] NATH M, ROY A. Interface and electrical properties of ultra-thin HfO$_2$ film grown by radio frequency sputtering[J]. Physica B: Condensed Matter, 2016, 482: 43-50.

[250] MÜLLER J, SCHRÖDER U, BÖSCKE T S, et al. Ferroelectricity in yttrium-doped hafnium oxide[J]. Journal of Applied Physics, 2011, 110 (11): 114113.

[251] MUELLER S, MUELLER J, SINGH A, et al. Incipient ferroelectricity in Al-doped HfO$_2$ thin

films[J]. Advanced Functional Materials, 2012, 22 (11): 2412-2417.

[252] HYUK P M, JOON K H, JIN K Y, et al. Evolution of phases and ferroelectric properties of thin $Hf_{0.5}Zr_{0.5}O_2$ films according to the thickness and annealing temperature[J]. Applied Physics Letters, 2013, 102 (24): 242905.

[253] HYUK P M, JOON K H, JIN K Y, et al. Effect of forming gas annealing on the ferroelectric properties of $Hf_{0.5}Zr_{0.5}O_2$ thin films with and without Pt electrodes[J]. Applied Physics Letters, 2013, 102 (11): 112914.

[254] JIN P, HE G, XIAO D, et al. Microstructure, optical, electrical properties, and leakage current transport mechanism of sol-gel-processed high-k HfO_2 gate dielectrics[J]. Ceramics International, 2016, 42 (6): 6761-6769.

[255] ÖTTKING R, KUPKE S, NADIMI E, et al. Defect generation and activation processes in HfO_2 thin films: contributions to stress-induced leakage currents[J]. Physica Status Solidi (a), 2015, 212 (3): 547-553.

[256] YURCHUK E, MÜLLER J, MÜLLER S, et al. Charge-trapping phenomena in HfO_2-based FeFET-type nonvolatile memories[J]. IEEE Transactions on Electron Devices, 2016, 63 (9): 3501-3507.

[257] GONG N, MA T P. A study of endurance issues in HfO_2-based ferroelectric field effect transistors: charge trapping and trap generation[J]. IEEE Electron Device Letters, 2018, 39 (1): 15-18.

[258] LIU H, PENG Y, HAN G, et al. ZrO_2 Ferroelectric Field-Effect Transistors Enabled by the Switchable Oxygen Vacancy Dipoles[J]. Nanoscale Research Letters, 2020, 15: 120.

[259] XIAO W, LIU C, PENG Y, et al. Performance improvement of $Hf_{0.5}Zr_{0.5}O_2$-based ferroelectric-field-effect transistors with ZrO_2 seed layers[J]. IEEE Electron Device Letters, 2019, 40 (5): 714-717.

[260] CHUANLAI R, GAOKUO Z, QUN X, et al. Highly Robust Flexible Ferroelectric Field Effect Transistors Operable at High Temperature with Low-Power Consumption[J]. Advanced Functional Materials, 2020, 30 (1): 1906131.

[261] OHKUBO I, CHRISTEN H M, KALININ S V, et al. High-throughput growth temperature optimization of ferroelectric $Sr_xBa_{1-x}Nb_2O_6$ epitaxial thin films using a temperature gradient method[J]. Applied Physics Letters, 2004, 84 (8): 1350-1352.

[262] KIM K W, KIM T S, JEON M K, et al. Ferroelectric properties of $Bi_{4-x}Ce_xTi_3O_{12}$ ($0<x<4$) thin film array fabricated from $Bi_2O_3/CeO_2/TiO_2$ multilayers using multitarget sputtering[J]. Applied Physics Letters, 2008, 92 (5): 1400-296.

[263] FAMODU O O, HATTRICK-SIMPERS J, ARONOVA M, et al. Combinatorial Investigation of Ferromagnetic Shape-Memory Alloys in the Ni-Mn-Al Ternary System Using a Composition Spread Technique[J]. Materials Transactions, 2004, 45 (2): 1600-1606.

[264] DWIVEDI A, WYROBEK T J, WARREN O L, et al. High-throughput screening of shape memory alloy thin-film spreads using nanoindentation[J]. Journal of Applied Physics, 2008, 104 (7): 073501-073501-5.

[265] ELIF E, HUSEYIN S. Discovery and Design of Ferromagnetic Shape Memory Alloys by Quantum Mechanical Simulation and Experiment[C]. DOE/NSF Materials Genome Initiative 2nd Annual Principal Investigator Meeting, 2015.

[266] RAI R, MISHRA S K, SINGH N K, et al. Preparation, structures, and multiferroic properties of single-phase $BiRFeO_3$, R=La and Er ceramics[J]. Current Applied Physics, 2011, 11 (3): 508-512.

[267] LUEKEN H. A Magnetoelectric Effect in $YMnO_3$ and $HoMnO_3$[J]. Angew Chem Int Ed Engl, 2008, 47 (45): 8562-8564.

[268] MARTI X, SKUMRYEV V, FERRATER C, et al. Emergence of ferromagnetism in antiferromagnetic $TbMnO_3$ by epitaxial strain[J]. Applied Physics Letters, 2010, 96 (22): 222505.

[269] SONG J H, KANG S H, KIM I W, et al. Magneto-capacitance effects in epitaxial $TbMn_2O_5$ thin films[J]. Journal of the Korean Physical Society, 2012, 61 (9): 1386-1389.

[270] BOOMGAARD J V D, VAN R A M J G, SUCHTELEN J V. Magnetoelectricity in piezoelectric-magnetostrictive composites[J]. Ferroelectrics, 1976, 10 (1): 295-298.

[271] CHANG K S, ARONOVA M A, LIN C L, et al. Exploration of artificial multiferroic thin-film heterostructures using composition spreads[J]. Applied Physics Letters, 2004, 84 (16): 3091-3093.

[272] GAO C, HU B, LI X, et al. Measurement of the magnetoelectric coefficient using a scanning evanescent microwave microscope[J]. Applied Physics Letters, 2005, 87 (15): 55.

[273] MURAKAMI M，CHANG S K，ARONOVA M A，et al. Tunable multiferroic properties in nanocomposite $PbTiO_3$-$CoFe_2O_4$ epitaxial thin films[J]. Applied Physics Letters，2005，87（11）：818.

[274] MURAKAMI M，FUJINO S，LIM S H，et al. Fabrication of multiferroic epitaxial $BiCrO_3$ thin films[J]. Applied Physics Letters，2006，88（15）：164.

[275] 石瑛. 中国集成电路材料产业技术发展路线图（2019 版）[M]. 北京：电子工业出版社，2019.

[276] 冯黎,朱雷. 中国集成电路材料产业发展现状分析[J]. 功能材料与器件学报,2020,26（3）：191-196.

第4章

总结和展望

材料是支撑集成电路发展的基础，也是推动集成电路技术创新的重要引擎。随着集成电路芯片向小尺寸、多功能方向快速发展，前沿性和颠覆性的新材料技术呈现新特点：涉及的元素多、组分复杂、机理不明、工艺繁杂、材料性能的数据少、与制造工艺的融合尚不充分。传统的"炒菜式"材料研发体系速度慢、周期长、效率低，已不能满足当前和未来复杂新材料的研发需求。

材料基因组技术是近年来兴起的材料研发新范式，改变了原有的从发现到形成产品量产的线性研发过程，通过高通量实验、高通量计算和数据挖掘，能够提升材料研发、筛选、优化和应用的速度，从而显著降低开发成本、缩短开发周期。十余年来，该技术取得了快速发展，已经得到了美国、日本、欧洲、中国等国和地区的高度重视，应用于战略新材料研究，积累了海量数据，推动了新能源、特种合金材料的发展。

材料基因组的思想也早已植根于集成电路材料的创新研发中。高通量实验、第一性原理计算等先进研发方法在新型存储器、逻辑器件、射频压电器件的新材料发现方面起到了积极的助推作用。以美国 IMI 公司为代表的商业化公司利用高通量实验技术已经成功地为世界领先的芯片厂（如三星、美光、应特格等）提供了材料研发服务。然而，集成电路材料的开发依赖于芯片工艺，受限于跨尺度计算能力与先进工艺线的配合，因此难以获得材料配方和比较完整的工艺-芯片集成工艺-材料和芯片性能数据库，严重限制了材料基因组技术在集成电路材料创新中的空间。

面向未来，材料基因组技术将不断发展，通过加强与现有集成电路工艺线的协作，建立贯通材料特性、工艺条件和产业应用标准的可靠数据库和模型，融入深度学习、人工智能等尖端信息技术优化材料及工艺条件，实现从材料设计到模型的构建，形成信息功能材料和先进工艺材料的创新突破。

我国集成电路材料技术急需加快发展，有必要变革传统循环试错方式，建立以产业应用需求为导向的材料基因组研发体系。通过建立包含高通量实验、高通量表征、工艺集成、材料-器件性能数据库、材料-器件高通量计算研发创新链，研究并建立材料机理、合成配方、材料性能及器件性能的关联关系模型，系统地形成集成电路材料知识图谱，引领一批前沿创新技术，从而支撑我国集成电路的发展。